Linux 操作系统配置与安全教程

主 编 李慧颖

参 编 杨 迎 刘 易

北京理工大学出版社
BEIJING INSTITUTE OF TECHNOLOGY PRESS

内 容 简 介

本书以 RHEL 8（兼容 CentOS 7/8）为操作平台，落实"教、学、做"一体，对 Linux 网络操作系统的应用进行详细讲解。本书分为 11 个项目，包括系统安装、常用命令、用户与组的管理、系统部署、Linux 网络配置与系统安全管理、网络服务器配置与管理等内容。从内容组织上分为系统管理与网络管理，其中，项目一到项目六主要介绍了 Linux 操作系统的安装与启动及桌面管理、Linux 命令行操作基础、建立与管理用户和组、管理 Linux 软件包、配置网络与管理服务等；项目七到项目十一主要介绍了搭建 Samba 服务器、WWW 服务器、FTP 服务器、DNS 服务器及 DHCP 服务器。本书每个项目都配有相应的实训练习及课后习题，以及相应的实操视频，便于学习者学习使用。

本书可作为高职院校网络技术、信息安全技术、网络系统管理、软件技术及计算机应用等专业的教材，也可作为系统维护及网络管理人员的参考书。

图书在版编目（CIP）数据

Linux 操作系统配置与安全教程 / 李慧颖主编 . --
北京：北京理工大学出版社，2024.2（2025.1 重印）
ISBN 978 - 7 - 5763 - 3594 - 1

Ⅰ.①L… Ⅱ.①李… Ⅲ.①Linux 操作系统－教材
Ⅳ.①TP316.85

中国国家版本馆 CIP 数据核字（2024）第 045946 号

责任编辑：王玲玲　　　文案编辑：王玲玲
责任校对：刘亚男　　　责任印制：施胜娟

出版发行 / 北京理工大学出版社有限责任公司
社　　址 / 北京市丰台区四合庄路 6 号
邮　　编 / 100070
电　　话 / （010）68914026（教材售后服务热线）
　　　　　　（010）63726648（课件资源服务热线）
网　　址 / http：//www.bitpress.com.cn

版 印 次 / 2025 年 1 月第 1 版第 2 次印刷
印　　刷 / 涿州市新华印刷有限公司
开　　本 / 787 mm×1092 mm　1/16
印　　张 / 14.75
字　　数 / 340 千字
定　　价 / 49.80 元

前言

本书以 RHEL 8（兼容 CentOS 7/8）为操作平台，落实"教、学、做"一体，对 Linux 网络操作系统的应用进行详细讲解。本书分为 11 个项目，包括系统安装、常用命令、用户与组的管理、系统部署、Linux 网络配置与系统安全管理、网络服务器配置与管理等内容。从内容组织上分为系统管理与网络管理，其中，项目一到项目六主要介绍了 Linux 操作系统的安装与启动及桌面管理、Linux 命令行操作基础、建立与管理用户和组、管理 Linux 软件包、配置网络与管理服务等；项目七到项目十一主要介绍了搭建 Samba 服务器、WWW 服务器、FTP 服务器、DNS 服务器及 DHCP 服务器。本书每个项目都配有相应的实训练习及课后习题，以及相应的实操视频，便于学习者学习使用。

本书来源于国家资源库项目，在原有资源基础上做了操作系统的版本升级，以 RHEL 8 服务器为例，着眼于应用，将知识融入多个项目案例中，对 Linux 操作系统的应用进行详细讲解。本书涵盖内容包括基本的 Linux 服务器安装与配置、常用的 Linux 命令、Shell 与 vim 编辑器、用户和组管理、文件系统和磁盘管理、防火墙和 SELinux 配置、DHCP 服务器配置、DNS 服务器配置、Samba 服务器配置、Apache 服务器配置、FTP 服务器配置等。每个项目后都配有相应的练习题进行学习效果的检测，帮助学习者了解知识的掌握情况。同时，本书配有课程标准、授课计划及授课讲义等资源辅助教师开展教学，并配有大量的教学视频、微课及实验指导书等资源辅助学习者自学或课余时间查缺补漏进行巩固学习。

本书可作为高职院校网络技术、信息安全技术、网络系统管理、软件技术及计算机应用等专业的教材，也可作为系统维护及网络管理人员的参考书。

在本书的编写过程中，参考了有关资料和文献，在此向相关作者表示衷心的感谢。由于计算机技术发展迅速，书中不妥之处在所难免，恳请广大读者批评指正。

编　者

目录

项目一
Linux 操作系统的安装与配置

知识目标

1. 了解什么是 Linux 操作系统。
2. 了解 Linux 操作系统的发行版本及分类。
3. 掌握操作系统的磁盘分区规划。

技能目标

1. 会安装 RHEL 8. x 操作系统。
2. 会部署 VMware Workstations 虚拟机环境。
3. 能够安装 RHEL 8. x 的桌面环境。
4. 能够完成 RHEL 8. x 的基本配置。

素养目标

1. 了解开源软件在国内的发展现状。
2. 遵守网络管理员职业规范。

项目介绍

BITCUX 公司是一家拥有 20 多名员工的新型 IT 企业，公司的网络拥有 30 多台办公 PC 及多台 Linux 服务器。因业务需要，现决定升级公司服务器。经过反复比对，并基于公司对服务器稳定性和安全性要求，决定为服务器安装 RHEL 8. x 操作系统。

任务 1　Linux 操作系统的安装

任务目标

经过反复比对，公司网络管理员认为在图形界面下安装操作系统能够更加直观且便于操作，适用于本公司的生产环境，因此需要在图形界面下安装操作系统。

1.1 知识链接：Linux 操作系统基础

1.1.1 什么是 Linux

对于初学者来说，最被熟知的莫过于 Windows 操作系统，Linux 与其相似，也是一款操作系统软件，其 logo 是一只企鹅（图 1-1）。其与 Windows 不同之处在于，Linux 是一套开放源代码程序的，可以自由传播的类 UNIX 操作系统软件。

Linux 是基于 Intel x86 系列 CPU 架构计算机设计的，它是一个基于 POSIX（可移植操作系统接口）和 UNIX 的多用户、多任务、支持多线程和多 CPU 的操作系统。它由世界各地成千上万的程序员设计和开发，初衷就是建立不受任何商业化软件版权制约的，全世界都能自由使用的类 UNIX 操作系统兼容产品。

图 1-1 Linux 操作系统图标

因此，Linux 继承了 UNIX 以网络为核心的设计思想，不但系统性能稳定，而且是开源软件，能很好地运行主要的 UNIX 工具软件、应用程序和网络协议。

1. Linux 的历史

早在 20 世纪 80 年代，UNIX 系统版权掌控在 AT&T 公司手中，其明确规定不允许将代码公开，致使大量高校在教学中遇阻。为了解决这个问题，芬兰赫尔辛基大学的 Andrew S. Tanenbaum 教授着手改造 UNIX，进而开发了 Minix 操作系统，主要应用于日常教学。而当时正在该大学就读的大学生 Linus Torvalds 便基于 Minix 系统研究编写了一个开放的与其兼容的操作系统，并命名为 Linux。

起初，Linus Torvalds 的兴趣只在于了解操作系统的运行原理，因此早期的 Linux 操作系统只提供了核心架构，使 Linux 的编写人员享受到了开发的乐趣，进而促使 Linux 操作系统更加健壮与稳定。由于 Linux 开源特性，使更多的编程人员迅速加入 Linux 的开发工作中，进一步促使其迅速稳健的发展，形成了一个良性循环。慢慢的，Linux 开发人员意识到，Linux 已经逐渐成为一个成熟的操作系统，1992 年 3 月，Linux 1.0 内核的发布标志着 Linux 第一个正式版本的诞生，此时应用在 Linux 上的软件从编译器到网络软件再到 X - Windows 一应俱全。目前，Linux 凭借其自身的特性及众多优秀的第三方软件的加持，市场份额逐步扩大，已经成为主流操作系统之一，乃至在服务器领域的地位已无法撼动。

总之，Linux 操作系统由于其开源、稳定、开放等特点，使其发展势头迅猛，因此学好 Linux 操作系统也成为计算机专业人士必备的技能之一。

2. Linux 的优点

在过去 20 年中，Linux 操作系统被应用于服务器端、嵌入式开发和 PC 桌面三大领域，其中服务器端领域是重中之重。我们所熟知的大量大型、超大型规模的互联网企业（百度、腾讯、新浪、阿里等）都在使用 Linux 操作系统作为其服务器端的程序运行平台，全球及国内排名前 1 000 的 90% 以上网站使用的主流操作系统都是 Linux 系统。拥有如此广泛的受众，其自身的优点必然十分优异，主要总结如下：

（1）开放性：特别是遵循开放系统互连（OSI）国际标准。

（2）多用户：操作系统资源可以被不同用户使用，每个用户对自己的资源（例如：文件、设备）有特定的权限，互不影响。

（3）多任务：计算机同时执行多个程序，而各个程序的运行互相独立。

（4）良好的用户界面：Linux 向用户提供了两种界面，即用户界面和系统调用。Linux 还为用户提供了图形用户界面。它利用鼠标、菜单、窗口、滚动条等设施，给用户呈现一个直观、易操作、交互性强的友好的图形化界面。

（5）设备独立性：操作系统把所有外部设备统一当作成文件来看待，只要安装驱动程序，任何用户都可以像使用文件一样操纵、使用这些设备。Linux 是具有设备独立性的操作系统，内核具有高度适应能力。

（6）提供了丰富的网络功能：完善的内置网络是 Linux 一大特点。

（7）可靠的安全系统：Linux 采取了许多安全技术措施，包括对读/写控制、带保护的子系统、审计跟踪、核心授权等，这为网络多用户环境中的用户提供了必要的安全保障。

（8）良好的可移植性：这是将操作系统从一个平台转移到另一个平台使它仍然能按其自身的方式运行的能力。Linux 是一种可移植的操作系统，能够在从微型计算机到大型计算机的任何环境中和任何平台上运行。

1.1.2　Linux 操作系统的分类

Linux 操作系统有众多名称及编号，为了能清楚地分辨它们，首先要明确它们所代表的含义，尤其是内核版本与发行版本之间的区别。

1. Linux 的内核版本

操作系统是一个用来和硬件打交道并为用户程序提供一个有限服务集的低级支撑软件。一个计算机系统是一个硬件和软件的共生体，它们互相依赖，不可分割。计算机的硬件，含有外围设备、处理器、内存、硬盘和其他的电子设备组成计算机的发动机。但是没有软件来操作和控制它，自身是不能工作的。完成这个控制工作的软件就称为操作系统，在 Linux 的术语中被称为"内核"，也可以称为"核心"。Linux 内核的主要模块（或组件）分以下几个部分：存储管理、CPU 和进程管理、文件系统、设备管理和驱动、网络通信，以及系统的初始化（引导）、系统调用等。

内核版本号由 3 个数字组成，如图 1-2 所示。各数字含义如下：

major. minor. patchlevel

图 1-2　内核版本

major：内核主版本号。在历史上曾改变两次内核：1994 年的 1.0 及 1996 年的 2.0。

minor：内核次版本号，是指一些重大修改的内核。偶数表示稳定版本；奇数表示开发中的版本。

patchlevel：内核修订版本号，是指轻微修订的内核。当有安全补丁、bug 修复、新的功能或驱动程序时，这个数字便会有变化。

如 Red Hat Enterprise Linux 6 的内核为 2.6.30，表示其内核的主版本号为 2，次版本号为 6，内核修订次数是 30 次。

当内核修订过多次，且功能增加到一定程度时，则会将主版本号增 1，并将次版本号置为奇数，在现有基础上进一步开发并完善。现有的 RHEL 8.7 的内核版本即为 4.18.0，即是在内核 4.17 的开发版基础上升级而来的。

2. Linux 的发行版

如果只有内核，一般用户是无法使用 Linux 的，因此还需要 Shell、编译器、函数库、各种实用程序和应用程序等组成一个完整的 Linux，使普通用户也能方便地安装和使用，这便是 Linux 发行版（Distribution）。一般谈论的 Linux 操作系统便是针对这些发行版而言的，目前各种发行版本近 300 种，可通过 https://distrowatch.com 来查看详情。

市面上不断增加的 Linux 发行版数量可能会让 Linux 新手感到困惑，在此列出了几种被世界各地 Linux 用户广泛认可的发行版。

• Ubuntu

Ubuntu 是一个完整的桌面 Linux 操作系统，它可免费获得，并带有社团及专业的支持。Ubuntu 社团按照 Ubuntu 宣言里所铭记的思想而组建：软件应免费提供，软件工具应能以人们本地语种的形式可用且不牺牲任何功能，人们应拥有定制及改变他们软件的自由，这包括以任何他们认为适宜的方式。Ubuntu 是一个古非洲语单词，意指对他人的博爱。Ubuntu 发行将这种博爱之心带到了软件的世界中。Ubuntu 操作系统的 logo 如图 1-3 所示。

• Debian

Debian 是由以创造一份自由操作系统为共同目标的个人团体所组建的协会。Debian 系统目前采用 Linux 内核。Debian 提供了 50 000 多套软件，它们是已经编译好了的软件，并按一种出色的格式打成包，可以供用户在机器上方便地安装。这一切都可以免费获得。这种结构有一点像城堡，它以系统内核为基础，之上是所有的基本工具，接下来是可以在计算机上运行的所有软件，城堡的最顶层就是 Debian——精良的组织和装配使这一切可以协同运作。Debian 操作系统的 logo 如图 1-4 所示。

图 1-3　Ubuntu 操作系统的 logo

图 1-4　Debian 操作系统的 logo

• Fedora

Fedora（以前叫作 Fedora Core）是由得到社区支持的红帽公司所开发的 Linux 发行版。Fedora 包含的软件以自由及开放源码许可来发布，旨在成为该技术领域的领先者。Fedora 在专注创新、抢先集成新技术、与上游 Linux 社区紧密工作方面拥有良好名声。Fedora 的默认桌面是 GNOME，默认界面是 GNOME Shell。其他的桌面环境，包括 KDE、Xfce、LXDE、MATE、Cinna-mon，也都可以获得。Fedora 项目还发布 Fedora 的定制变体，叫作 Fedora spins。它们是用多套特定的软件包来创建的，以提供可选的桌面环境，或者迎合特别的兴趣如游戏、安全、设计、科学计算、机器人等。Fedora 操作系统的 logo 如图 1-5 所示。

图 1-5　Fedora 操作系统的 logo

• Red Hat Enterprise Linux

Red Hat Enterprise Linux（RHEL）是红帽公司开发的 Linux 发行版，它专攻商业市场。RHEL 面向 x86、x86_64、Itanium、PowerPC、IBM System z 架构发布服务器版本，以及面向 x86 和 x86_64 处理器的桌面版本。红帽公司的所有正式支持和培训，以及红帽认证计划，均围绕 RHEL 平台而开展。红帽公司使用严格的商标规则来限制其正式支持的 RHEL 的版本被以免费的形式重新发布，但却仍然免费提供其源代码。第三方的派生版本可以在去除非免费组件后创建及重新发布。Red Hat 操作系统的 logo 如图 1 - 6 所示。

• CentOS

可以说，CentOS 是 RHEL 的克隆版，因此 CentOS 常被视为一个可靠的服务器发行版。它继承了完善的测试和稳定的 Linux 内核与软件，和 Red Hat 企业的 Linux 基础相同。CentOS 是适合企业的桌面解决方案。CentOS 操作系统的 logo 如图 1 - 7 所示。

图 1 - 6　Red Hat 操作系统的 logo

图 1 - 7　CentOS 操作系统的 logo

作为一个团体，CentOS 是一个开源软件贡献者和用户的社区。典型的 CentOS 用户包括这样一些组织和个人，他们并不需要专门的商业支持就能开展成功的业务。CentOS 是 RHEL 的 100% 兼容的重新组建，并完全符合 RedHat 的再发行要求。CentOS 面向那些需要企业级操作系统稳定性的人们，而且并不涉及认证和支持方面的开销。

• Linux Mint

Linux Mint 是一个基于 Ubuntu 的发行版，由居住在爱尔兰的法国 IT 专家克莱门特·莱费弗尔于 2006 年首次推出。Mint 是一个全新的桌面应用程序，而不是一套全新的 Linux 应用程序。从最开始，开发人员就一直在添加各种图形"mint"工具，以增强可用性，包括 mintDesktop（一种配置桌面环境的实用工具）、mintMenu（一种新的、优雅的菜单结构，便于导航）、mintInstall（一种易于使用的软件安装程序）和 mintUpdate（一种软件更新程序）等。Mint 在易用性方面得到了进一步提升，但由于潜在的法律威胁，它包含的专利和专利限制的多媒体编解码器通常在大型发行版中并未体现。也许 Linux Mint 最好的特性之一是，开发人员听取用户的意见，并且总是快速地实现好的建议。Linux Mint 操作系统的 logo 如图 1 - 8 所示。

图 1 - 8　Linux Mint 操作系统的 logo

• Slackware Linux

Slackware Linux 是一套先进的 Linux 操作系统，它的设计目的是提高易用性和稳定性。Slackware 包含最新的流行软件，并提供简单易用、灵活和强大的功能。Slackware Linux 向新手和高级用户提供一套先进的系统，可装备使用在从桌面工作站到机房服务器的任何场合。可以按需使用各种 Web、FTP 和 Email 服务器，正如可以在各种流行的桌面环境中作出选择。大量的开发工具和编辑器、库文件被包纳进来，以方便那些

希望开发或编译额外软件的用户们。Slackware 操作系统的 logo
如图 1 -9 所示。

1.1.3　Linux 在中国

图 1 -9　Slackware 操作
系统的 logo

2008 年 10 月 21 日起，微软公司对盗版 Windows 和 Office
用户进行"黑屏"警告性提示。自该黑屏事件发生之后，我国
大量的计算机用户将目光转移到 Linux 操作系统和国产 Office 办公软件上来，国产操作系统
和办公软件的下载量一时间以几倍的速度增长，国产 Linux 和 Office 的发展也引起了大家的
关注。

2018 年，美国商务部宣布 7 年内禁止美国企业向中国的电信设备制造商中兴通讯公司
销售零件，直接导致中兴出现严重亏损。随后，美国陆续将华为等上百家中国公司列入
"实体清单"，采取出口管制措施。以中美贸易战为导火索，美国加大对中国的技术制裁，
我国被"卡脖子"的技术主要集中在关键环节，亟需攻克。

自此，前有"核高基"计划的推动，后有国家级信创政策规划，中国势必要终结信
息产业"缺芯少魂"的时代，其中的"芯"指的是芯片，而"魂"则指的就是操作
系统。

目前，国内已有众多国产 Linux 操作系统蓬勃发展，如深度系统（Deepin）、中标麒
麟 Linux（原中标普华 Linux）、HopeEdge 操作系统（HopeEdge OS）、银河麒麟、红旗
Linux、openEuler 等。自 2020 年起，随着国家信创工作的推进，金融行业已经完成一期试
点改造 47 家，客户涵盖大型国有银行、部分股份制和个别城市商业银行、农信、个别证
券公司、人保人寿等公司，二期试点改造 151 家，包括区域性金融机构、全部农信、部分
城市商业银行、大中型证券、保险公司，三期试点于 2022 年对 150 多家中型金融客户实
现改造。

随之而来的便是信创领域企业岗位发布数量同比急速增长，尤其是技术类、测试类人才
缺口较大，职位供不应求，测试类人才的岗位发布数和人才投递数的比值达到 3.2：1，意味
着 3.2 个职位争取 1 名人才。

因此，无论是 Linux 操作系统的开发还是基于信创产业的应用型人才在市场的需求，都
是巨大的，而掌握 Linux 操作系统的部署与维护也成为首要任务。

1.2　任务实施：安装 Red Hat Enterprise Linux 8 操作系统

1.2.1　虚拟机环境配置

（1）VMware Workstation 15.5 Pro 界面如图 1 -10 所示，VMware Workstation Pro 是业界
标准的桌面 Hypervisor，用于在 Linux 或 Windows PC 上运行虚拟机。VMware Workstation 16
Pro 由 VMware 公司于 2020 年 9 月发布，现在官网下载可以获得 30 天的免费试用。需要注意
的是，VMware Workstation 的默认热键会与系统现有热键发生冲突，如有必要，可在虚拟机
的菜单栏选择"编辑"→"首选项"→"热键"进行修改，如图 1 -11 所示。

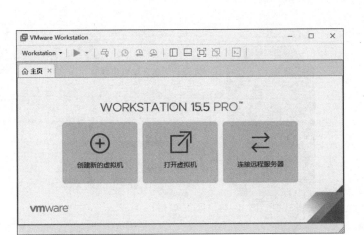

图 1-10　VMware Workstation 15.5 Pro 界面

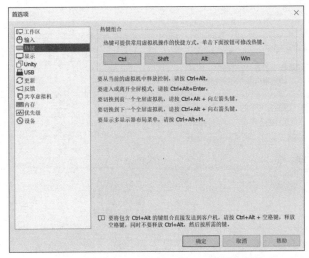

图 1-11　VMware Workstation 热键设置

（2）该软件可以实现在多种平台下安装各种操作系统。

（3）安装 Linux 系统时，需要在新建虚拟机向导界面中选择自定义（高级），方便在后面的安装过程中进行参数的设置，完成后单击"下一步"按钮，如图 1-12 所示。

（4）虚拟机硬件兼容性是指平时在实验过程中经常会使用其他人安装好的虚拟机，因此需要在安装时酌情选择兼容的版本，一般情况下版本会从高向低兼容，所以，如果想要使更多版本的 VMware Workstation 能够访问本虚拟机，需要适当选择较低版本的硬件兼容，当然，前提是不影响到当前虚拟机功能。不过，如果在使用中真的遇到类似问题，也可以通过"管理"菜单来更改硬件兼容性，通过向导进行配置，如图 1-13 所示。

（5）安装客户机操作系统可以采用"安装程序光盘""安装程序光盘镜像文件（iso）"和"稍后安装操作系统"三种方式。如果需要在安装系统的过程中对虚拟机进行硬盘分区，则此处需要选择"稍后安装操作系统"，否则，VMware 会通过默认的安装策略部署精简的 Linux 系统，而不会询问安装设置的选项，如图 1-14 所示。

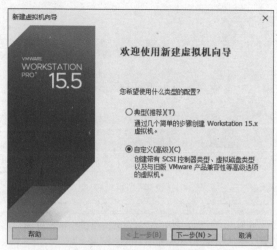

图 1 - 12　新建虚拟机向导

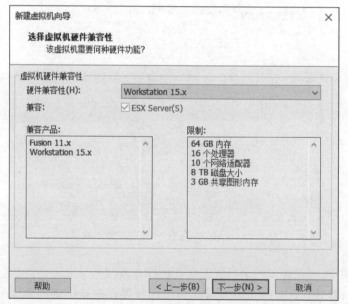

图 1 - 13　选择虚拟机硬件兼容性

（6）在图 1 - 15 所示的界面中，对操作系统的类型进行选择。VMware 已经预置了常见的操作系统，如所安装的操作系统未出现在相应的列表中，则可以根据大类进行选择，或者直接选择"其他"。此处，请选择"Red Hat Enterprise Linux 8 64 位"，表示即将安装该操作系统，然后单击"下一步"按钮。

（7）下面需要对虚拟机进行命名并指定其安装文件保存路径，在安装完虚拟机后，可以通过复制"位置"中指定的文件夹，对虚拟机进行复制、移动等操作，也可以通过 VMware Workstation 的菜单来完成，单击"下一步"按钮继续操作，如图 1 - 16 所示。

（8）在处理器配置页面，可以指定处理器数量及每个处理器的内核数量，此处可以使用默认值，直接单击"下一步"按钮，如图 1 - 17 所示。

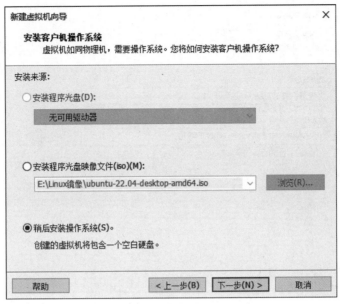

图 1-14　安装客户机操作系统

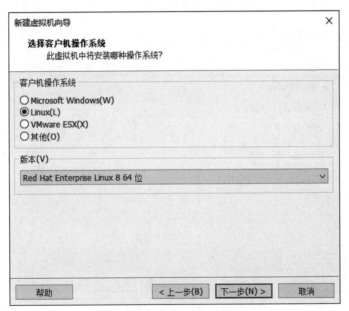

图 1-15　选择客户机操作系统

（9）在图 1-18 中，可以设置虚拟机的内存大小，此内存会与物理机操作系统平分物理内存。如果虚拟机内存过小，会导致安装及运行系统速度变慢；如果虚拟机内存设置过大，物理机系统运行速度受到影响，从而间接导致虚拟机安装速度变慢，因此此处需要酌情设置内存大小。建议将虚拟机系统内存的可用量设置为 2 GB 以上，最低不低于 1 GB，本机现有 16 GB 内存，将 4 GB 内存划分给虚拟机，完成后单击"下一步"按钮。

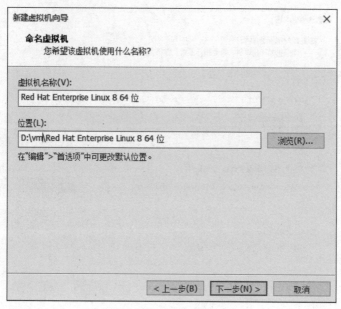

图 1-16　命名虚拟机

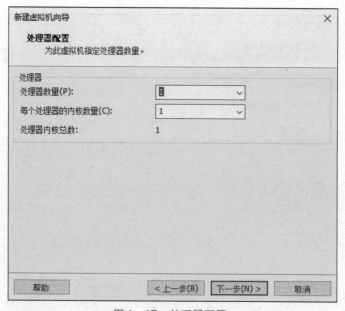

图 1-17　处理器配置

（10）网络连接可以模拟多种环境，此处可选择"使用网络地址转换（NAT）"，单击"下一步"按钮，如图 1-19 所示。

（11）此处需要选择虚拟机的 I/O 控制器类型，如无特殊需要，可使用默认设置，单击"下一步"按钮继续，如图 1-20 所示。

（12）计算机的磁盘类型种类繁多，可以在图 1-21 中选择当前虚拟机要模拟的磁盘类型，如无特殊要求，可使用默认的"NVMe"，其是"non-volatile memory express"的缩写，

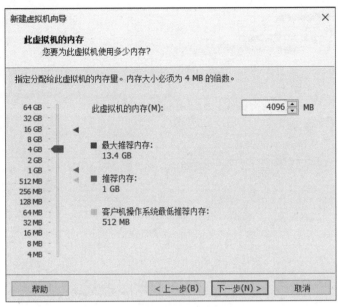

图 1-18 虚拟机内存

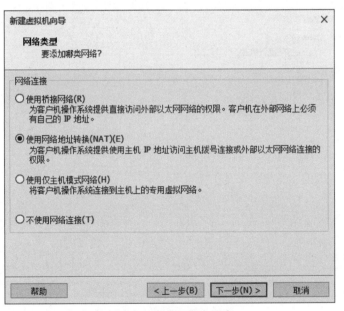

图 1-19 网络类型

意思是非易失性内存主机控制器接口规范，它是一种基于性能并从头开始创建新存储协议，可以使使用者充分利用 SSD 和存储类内存（SCM）的速度，完成后单击"下一步"按钮。

（13）选择磁盘时，需要根据现有磁盘情况进行选择，如果是第一次安装，可以使用默认选项"创建新虚拟磁盘"，单击"下一步"按钮继续，如图 1-22 所示。

（14）确定磁盘后，需要设置磁盘大小，此处修改为 40 GB。一般在写入数据时才会占

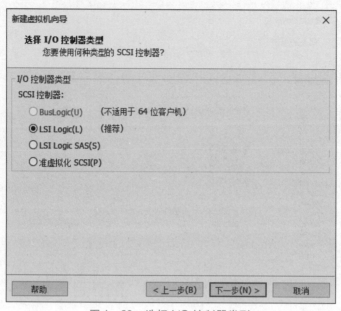

图 1-20　选择 I/O 控制器类型

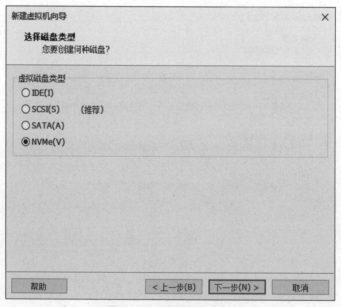

图 1-21　选择磁盘类型

用磁盘空间，如果需要将磁盘空间直接划分给虚拟机，可以勾选"立即分配所有磁盘空间"。此外，还可以将虚拟磁盘存储为单个或多个文件，区别在于复制时是否方便，此处使用默认设置并单击"下一步"按钮，如图 1-23 所示。

（15）将分配的磁盘作为一个文件保存到物理磁盘的指定位置，可以通过单击"浏览"按钮更改这个位置，并根据需要修改磁盘文件名，默认使用虚拟机名称作为磁盘文件名，完成后单击"下一步"按钮，如图 1-24 所示。

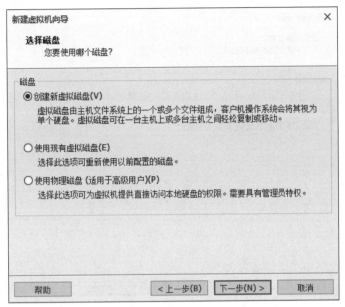

图 1-22　选择磁盘

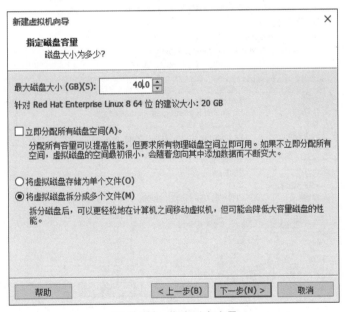

图 1-23　指定磁盘容量

（16）最后确认虚拟机的配置，如果需要更改，单击"自定义硬件"按钮，否则单击"完成"按钮，如图 1-25 所示。

（17）以上就是虚拟机的配置过程。现在可以想象成一台尚未安装操作系统的"裸机"已经摆在面前了，如图 1-26 所示，这是正式安装操作系统前最重要的一个环节，下面就可以开始安装操作系统了。

（18）假设要安装操作系统了，还需要将安装光盘放入光驱中，在虚拟机环境中，只需

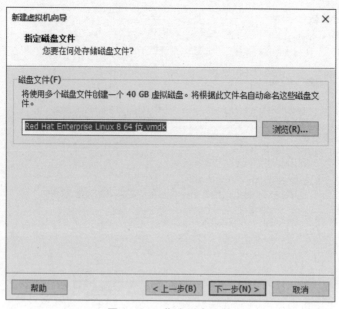

图 1-24　指定磁盘文件

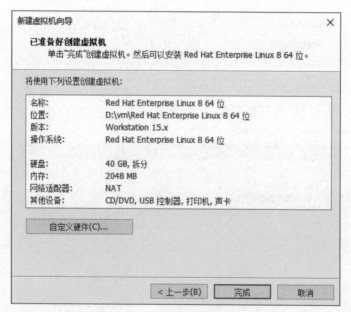

图 1-25　已准备好创建虚拟机

要单击图 1-26 中的"编辑虚拟机设置",将已经下载好的镜像文件关联到虚拟机中即可,此操作可以通过在图 1-27 中选择"使用 ISO 映像文件"来完成,设置好后单击"确定"按钮。

　　注意:如果在完成以上步骤后启动虚拟机时,出现如图 1-28 所示的页面,则有可能是因为物理机的 BIOS 未启动 Intel VT-x,需要重启物理机系统,并进入 BIOS 中修改设置。这是由于安装 RHEL 8.x 时,计算机的 CPU 需要支持 VT (Virtualization Technology,虚拟化

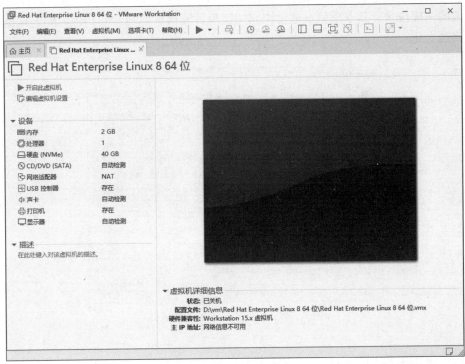

图 1 -26　未安装操作系统的计算机

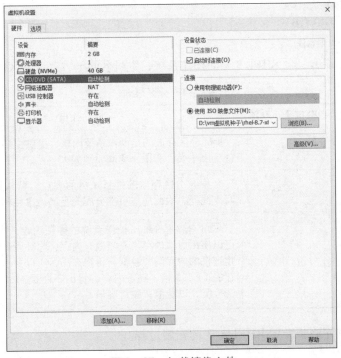

图 1 -27　加载镜像文件

技术）。VT 指的是让单台计算机能够分割出多个独立资源区，并让每个资源区按照需要模拟出系统的一项技术，其本质就是通过中间层实现计算机资源的管理和再分配，让系统资源的利用率最大化。

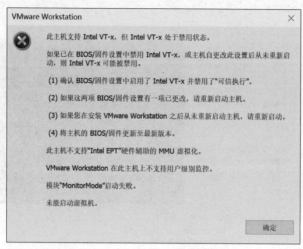

图 1 −28　Intel VT − x 的配置指引

1.2.2　RHEL 8. x 的安装

假设现在需要安装一台名为 lihy@bitc 的主机，该主机的基本硬件环境如下：
✓　CPU 处理器为单核
✓　磁盘空间为 40 GB
✓　内存大小是 4 GB
在此基础上，部署一台 RHEL 8. x 的操作系统，主机名同上，磁盘分区的规划见表 1 − 1。

表 1 − 1　分区规划

序号	挂载点	分区大小/GB	作用
1	/boot	1	boot 分区存放的是操作系统内核，提供引导过程中要使用的文件，由于文件有限，空间无须太大
2	/	约 35	/（根）分区存放的是目录树的顶点，默认情况下所有文件都写入此处，因此应尽可能分配充足的磁盘空间
3	swap	4	swap 分区是 Linux 操作系统的虚拟内存，当物理内存耗尽后，可以使用虚拟内存来充当临时内存，弥补硬件资源的不足。早期物理机的内存配置较低且价格高昂，所以要求虚拟内存是物理内存的 1 ~ 1.5 倍，随着内存容量的不断提高，在分配空间时应酌情分配，以免浪费磁盘容量

下面按安装顺序逐步介绍 RHEL 8.7 的安装过程。

1. 引导菜单

虚拟机默认启动顺序是从光驱启动，会从镜像文件中读取安装数据，如完成 1.2.1 节的配置步骤并单击"开启此虚拟机"，可以看到图 1 − 29 所示的页面，其中：

✓ Install Red Hat Enterprise Linux 8.7：使用图形界面安装 RHEL 8.x。

✓ Test this media & install Red Hat Enterprise Linux 8.7：在安装 RHEL 8.x 之前会启动程序检查安装介质的完整性。

✓ Troubleshooting：该菜单中有子菜单，包含的选项可以帮助用户解决各种安装问题，进行故障排除。

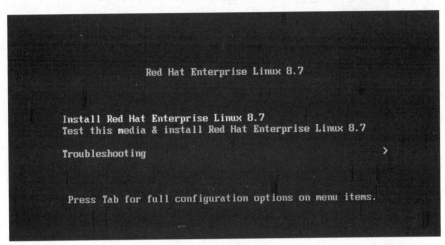

图 1-29　安装启动界面

2. 语言设置

开始安装后，首先要设置安装语言，方便在安装过程中无障碍操作。如图 1-30 所示，在左侧的面板中选择"中文"后，在右侧根据实际情况进行选择，一般默认为"简体中文（中国）"。注意：这里的选择也将成为安装系统之后的默认语言设置。完成后单击"继续"按钮。

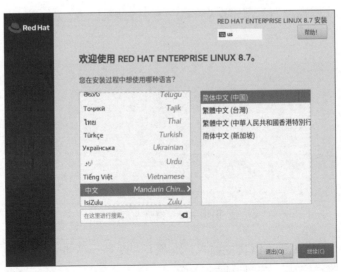

图 1-30　语言设置界面

3. 安装信息摘要

在"安装信息摘要"界面，有"本地化""软件"和"系统"3 个栏目，如图 1-31

所示，可以对多个项目进行设置，比如"软件选择""安装目的地"及"网络和主机名"等。

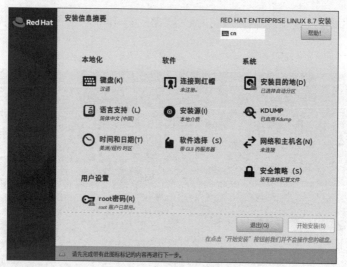

图 1-31　安装信息摘要

4. 本地化配置

（1）单击"键盘"进入"键盘布局"设置界面，可对键盘进行个性化配置，如图 1-32 所示。

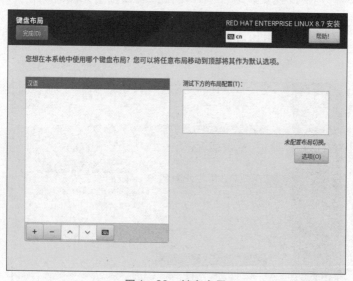

图 1-32　键盘布局

（2）在图 1-31 中单击"语言支持"，如图 1-33 所示，此处选择"中文"→"简体中文"，单击左上角的"完成"按钮返回上一级。

（3）在图 1-31 中单击"时间和日期"，进入"时间和日期"对话框，可以完成时间设置，单击右上方的"网络时间"开关，可以选择是否通过网络服务器同步时间。

图 1 – 33 语言支持

5. 软件配置

（1）在软件配置项下，单击"连接到红帽"，前提是已经接入网络，如无网络连接，此处可跳过，直接单击"完成"按钮，如图 1 – 34 所示。

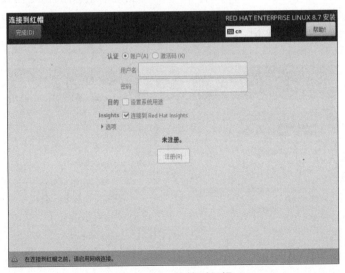

图 1 – 34 连接到红帽

（2）在图 1 – 31 中单击"安装源"，进入图 1 – 35 所示页面，联网后红帽会自动更新到最新源。

（3）软件选择

在图 1 – 31 中单击"软件选择"，如图 1 – 36 所示，主要设置内容如右侧所示。其中最常见的安装类型如下：

✔ 带 GUI 的服务器：带有图形界面的服务器安装，用于管理。

✔ 最小安装：没有 GUI 的最小服务器，适合高级 Linux 系统管理员使用。

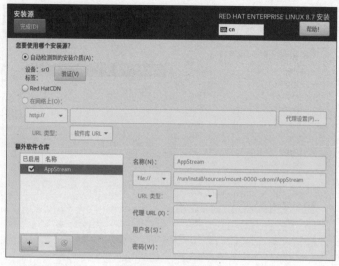

图 1-35　安装源

✓ 工作站：适合在笔记本电脑和 PC 上安装。

✓ 虚拟化主机：将本机作为管理程序，如运行 KVM 等。

右侧为附加选项，是主机充当相应角色时所需的组件，与系统一同安装。

此处使用默认选项"基于 GUI 的服务器"即可满足现有要求，当需要使用某个服务的时候，可以通过各个网络服务器、镜像文件或安装光盘单独安装，此部分内容会在后面章节陆续介绍。配置后，单击"完成"按钮返回"安装信息摘要"页面。

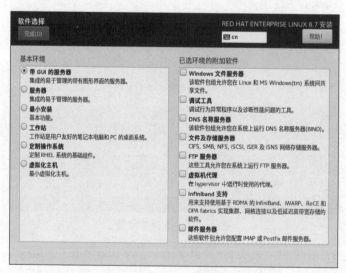

图 1-36　软件选择

6. 系统配置

（1）选择安装位置。

在图 1-31 中单击"安装目的地"，如图 1-37 所示，在这个界面中可以看到计算机中的本地可用存储设备。在"本地标准磁盘"一栏中列出了本地磁盘设备列表，如需添加新的磁盘设备或网络设备，可单击下面的"添加磁盘"按钮。如果不需要对磁盘进行分区，那么保持默认设置，确认下方单选框选中"自动"即可，安装程序会在存储空间生成必要的分区；否则，选中"自定义"后，单击左上角的"完成"按钮进入手动分区界面。

图 1 - 37　安装位置选择

在"手动分区"页面中，可以单击"单击这里自动创建它们"来创建出红帽公司官方推荐的分区布局，也可以通过左下方的"+/-"按钮来增加、删除分区，如图 1 - 38 所示。

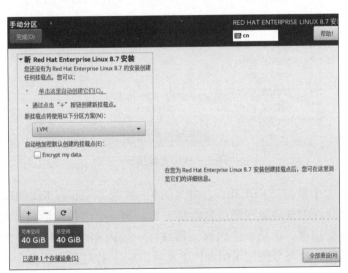

图 1 - 38　手动分区

此处选择"单击这里自动创建它们"，系统创建了默认分区，空间划分如图 1 - 39 所示，分别创建/boot、/和 swap 分区。

完成了分区布局设置后，单击"完成"按钮，列出了划分分区（LVM）和创建文件系统任务清单，如图 1 - 40 所示。单击"接受更改"按钮返回手动分区界面，单击"完成"按钮返回"安装信息摘要"界面。

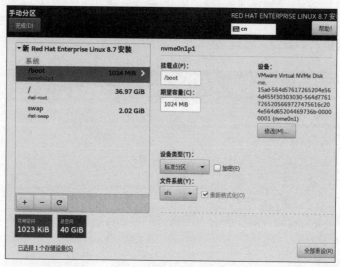

图 1 - 39　手动分区

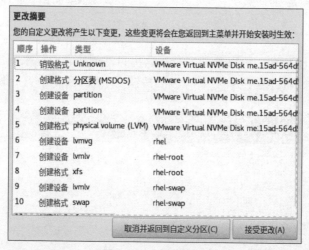

图 1 - 40　更改摘要

（2）在图 1 - 31 中单击"KDUMP"，进入图 1 - 41 所示页面。KDUMP 是 2.6.16 版本之后内核引入的一种新的内核崩溃现场信息收集工具。当一个内核崩溃后，进入一个干净的备份内核（只使用少量内存，由第一个内核预留放在一块内存中）。干净的内核启动后，仍旧是用户态服务初始化，这时会使用 KDUMP 工具从内核读出需要的信息，再写到磁盘上的一个 vmcore 的文件中。之后就可以使用 crash 工具来分析 vmcore 文件了。此处取消"启用 kdump"复选框的勾选，暂不开启。

（3）在图 1 - 31 中单击"网络和主机名"，进入图 1 - 42 所示页面。安装程序自动探测到本地网络设备接口，并显示在页面左侧列表中，右侧则显示接口的详情，如需立刻激活接口，只需单击右侧开关键。默认情况下，如不配置 IP 地址，则会在网络中发送 DHCP 请求自动获取 IP 地址。在页面下方可以配置主机名，其采用 FQDN（完全限定性域名）即"主机名.域名"的格式，作用等同于"主机名@域名"，如不更改，则采用默认设置。配置后，

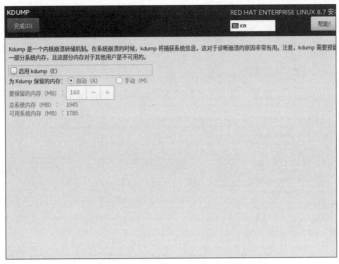

图 1 - 41　KDUMP

单击"完成"按钮返回"安装信息摘要"页面。此处将主机名修改为"lhy. bitc"，网卡参数稍后配置。

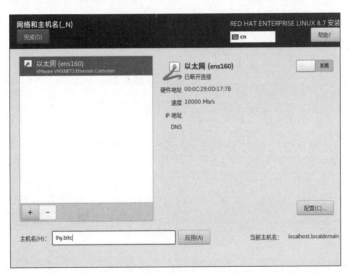

图 1 - 42　网络和主机名

（4）在图 1 - 31 中单击"安全策略"，进入图 1 - 43 所示页面，此处可开启或关闭"安全策略"等，使用者可根据需要修改配置，此处单击"完成"按钮返回上一级。

7. 用户设置

Linux 操作系统中，root 账号是系统管理员账号，拥有最高权限，相当于 Windows 操作系统中的 administrator。设置 root 用户的密码是安装过程中的一个重要步骤。在图 1 - 31 中单击"root 密码"图标，进入"ROOT 密码"界面，如图 1 - 44 所示，在相应文本框中输入密码。设置时注意密码复杂度问题。在实验环境下，可以简化密码，以免使用时忘记密码。如果忘记密码，可以通过一系列操作重置管理员密码。

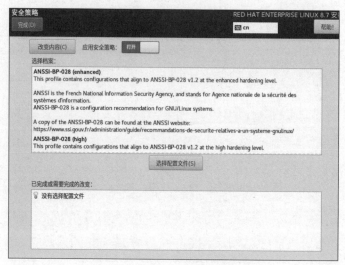

图 1-43　安全策略

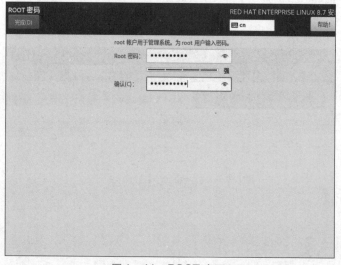

图 1-44　ROOT 密码

　　安装系统的同时，会创建一个普通用户用于平时登录系统。服务器环境下，为了确保系统安全，一般使用普通用户身份登录系统，当需要管理员权限时，可随时提权。此处创建用户 li，密码设置要求参见 ROOT 密码。确认后，单击"完成"按钮返回安装页面，如图 1-45 所示。

　　8. 开始安装

　　完成"安装信息摘要"界面中上述所有部分后，该菜单界面底部的警告提示会消失，同时"开始安装"按钮变为可用，此时单击"开始安装"按钮，如图 1-46 所示。

　　9. 安装进度

　　完成"安装信息摘要"界面中上述所有部分后，进入安装环节。页面中的进度条显示安装进度，如图 1-47 所示。完成后，单击"重启系统"按钮。

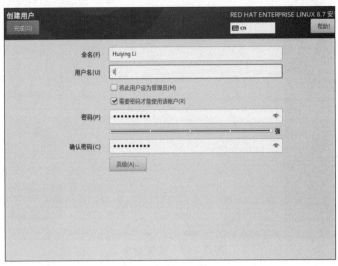

图1-45 创建用户

图1-46 安装信息摘要

1.2.3 RHEL 8.x 的初次使用与基本配置

Linux 系统重新启动后，首先显示启动菜单界面，如图1-48所示。通过上下键可以选择不同的引导界面。

经过一系列的配置后，出现如图1-49所示的登录界面，单击用户名，输入密码即可登录系统。

如果需要使用系统管理员 root 账号登录，需要单击账号下方的"未列出"按钮，显示如图1-50所示的界面。先输入 root 账号或其他普通账号及密码，完成登录。

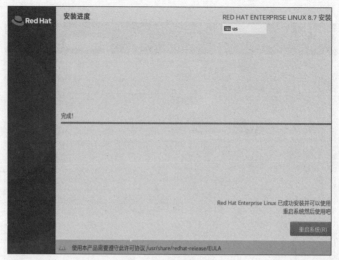

图 1-47　安装进度

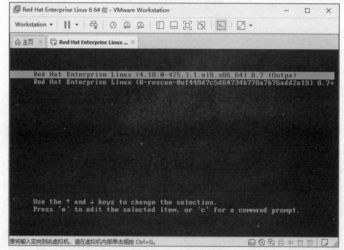

图 1-48　启动菜单

图 1-49　登录界面

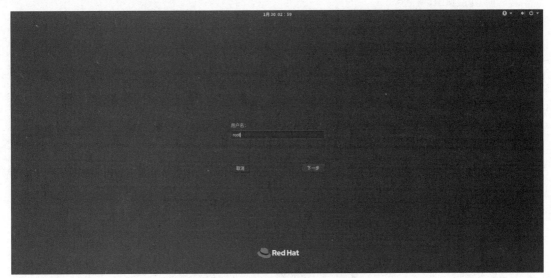

图 1-50 root 账号登录界面

任务 2 Linux 操作系统的基本使用

任务目标

BITCUX 公司的网络管理员在服务器上安装了 RHEL 8.x 操作系统，但由于长时间未以管理员身份登录，忘记了 root 密码，现需要在不重装系统的前提下重置该系统的密码。

1.3 知识链接：Linux 操作系统的启动与运行

1.3.1 Linux 操作系统的启动过程

对于一个系统管理员来说，了解系统的启动和初始化过程对于管理 Linux 进程和服务十分有益。Linux 系统的初始化包含内核部分和 systemd 程序两个部分，内核部分主要完成对系统硬件的检测和初始化工作，systemd 程序部分则主要完成对系统的各项配置。启动步骤如图 1-51 所示。

图 1-51 Linux 系统启动过程

第一阶段：硬件引导启动

开启电源后，计算机首先加载 BIOS，并检查基本的硬件信息，例如内存数量、处理器及硬盘容量等。

第二阶段：MBR 引导

下面根据 BIOS 中的系统引导顺序，一次查找系统引导设备，一次查找系统引导设备，读取并执行 MBR 上的操作系统引导装置程序。MBR 是位于 1 扇区 0 磁道 0 柱面的一个 512 B 的文件，里面有 446 B 是引导区（PRE – BOOT），用来找到活动分区（active）并将活动区读入 0 ×7c00 内存，其实被复制到内存的就是 BOOT Loader。此外，还有 64 B 是分区表（PARTITION PABLE），这里记录了硬盘信息，每个分区占用 16 B，这也是在磁盘分区时主分区数量受限的原因。

第三阶段：GRUB2 启动引导阶段

RHEL 8. x 采用的是 GRUB2 启动引导器。首先加载 boot. img 和 core. img 镜像，再加载 MOD 模块文件，把 GRUB2 程序加载执行，接着解析配置文件/boot/grub/grub. cfg，根据配置文件加载内核镜像到内存，之后构建虚拟根文件系统，最后转到内核。

第四阶段：内核引导阶段

选择启动 Linux 后，系统就会从/boot 分区读取并加载 Linux 内核程序，从此时开始正式进入 Linux 的控制。Linux 首先会搜索系统中的所有硬件设备并驱动它们，同时这些硬件设备信息也会在屏幕上显示出来，用户可以借此了解硬件是否都成功驱动。

第五阶段：systemd 初始化阶段

RHEL 8. x 中的初始化进程变为 systemd。执行默认 target 配置文件/etc/systemd/system/default. target（这是一个软链接，与默认运行级别有关）。然后执行 sysinit. target 来初始化系统和 basic. target 来准备操作系统。接着启动 multi – user. target 下的本机与服务器服务，并检查/etc/rc. d/rc. local 文件是否有用户自定义脚本需要启动。最后执行 multi – user 下的 get-ty. target 及登录服务，检查 default. target 是否有其他的服务需要启动。

第六阶段：用户登录 shell

如果没有改变级别，默认情况下执行/sbin/mingetty 打开 6 个纯文本终端，让用户输入用户名和密码。输入完成后，再调用 login 程序，核对密码。如果密码正确，就从文件/etc/passwd 读取该用户指定的 shell，然后启动这个 shell。

1.3.2 RHEL 8. x 下的 systemctl 命令及关机与启动命令

systemd 是 Linux 操作系统的一种 init 软件，RHEL 8. x 系统采用了全新的 systemd 启动方式，取代了 UNIX 时代依赖的 SysV。systemd 启动方式使系统初始化时诸多服务并行启动，大大提高了开机效率。RHEL 8. x 系统中 "/sbin/init" 是 "/lib/systemd/systemd" 的链接文件。systemd 守护进程负责 Linux 的系统和服务，systemctl 用于控制 systemd 管理的系统和服务状态。

与旧版本相比，RHEL 7 以后采用 systemd 初始化进程服务，因此没有了 "运行级别" 的概念。Linux 系统再启动是要进行大量的初始化工作，如挂载文件系统和交换分区、启动各类进程服务等，这些都可以看做一个一个的单元（unit），其通过配置文件进行标识和配置。Unit 类型包含以下几种：

service：文件扩展名为 . service，用于定义系统服务。

target：文件扩展名为 . target，用于模拟实现运行级别。

device：用于定义内核识别的设备。

mount：定义文件系统挂载点。

socket：用于标识进程间通信用的 socket 文件，也可以在系统启动时延迟启动服务，实现按需启动。

snapshot：管理系统快照。

swap：用于标识 swap 设备。

automount：文件系统的自动挂载点。

path：用于定义文件系统中的一个文件或目录。常用于当文件系统变化时，延迟激活服务。

以上内容可以通过执行 systemctl $-t$ $unit-type$ 进行查看。如以 target 为例，可以执行：

```
[root@ lhy ~]# systemctl  -t  target
```

命令中的 systemctl 就是 RHEL 8. x 中 systemd 管理工具；$-t$ 是 type 的缩写，后面跟要查找的类型，此处为 target，也可替换为其他类型。此处 target 类型用来代替 system V init 中运行级别的概念，两者的区别见表 1-2。

表 1-2 systemd 与 system V init

system V 运行级别	systemd 目标名称	作用
0	runlevel0. target，poweroff. target	关机
1	runlevel1. target，rescue. target	单用户模式
2	runlevel2. target，multi-user. target	等同于级别 3
3	runlevel3. target，multi-user. target	多用户的文本界面
4	runlevel4. target，multi-user. target	等同于级别 3
5	runlevel5. target，graphical. target	多用户的图形界面
6	runlevel6. target，reboot. target	重启
emergency	emergency. target	紧急 Shell

如需要更改启动运行级别，可以通过 systemctl set-default $systemd-type. target$ 的句式进行修改，命令如下：

```
[root@ lhy ~]# systemctl  get-default            //查看系统启动运行级别
graphical. target
[root@ lhy ~]# systemctl set-default multi-user. target
                                        //启动运行级别修改为多用户模式
Removed symlink/etc/systemd/system/default. target.
Created  symlink  from/etc/systemd/system/default. target  to/usr/lib/systemd/
system/multi-user. target.
[root@ lhy ~]# systemctl set-default graphical. target
                                        //启动运行级别修改为图形模式
Removed symlink/etc/systemd/system/default. target.
```

```
Created symlink from/etc/systemd/system/default.target to/usr/lib/systemd/
system/graphical.target.
```

在 RHEL 6 系统中使用 service、chkconfig 等命令来管理系统服务，在 RHEL 7 之后也是用 systemctl 代替了以上命令来管理服务的启动与停止等操作，此项内容将在后续章节中详细讲解。

1.4 任务实施：配置 RHEL 8. x 操作系统

1.4.1 控制台终端的使用

在图形界面下，可以在多个控制台之间切换。Linux 系统中，计算机显示器通常被称为控制台终端（Console）。它仿真了类型为 Linux 的一种终端，并且有一些设备特殊文件与之相关联，如 tty0、tty2 等。在控制台上登录时，使用的是 tty0。使用 Alt + [F2 ~ F6] 组合键时，就可以切换到 tty1 ~ tty6 等上面去。tty1 ~ tty6 等称为虚拟终端，而 tty0 则是当前所使用虚拟终端的一个别名，系统所产生的信息会发送到该终端上。因此，不管当前正在使用哪个虚拟终端，系统信息都会发送到控制台终端上。系统允许用户登录到不同的终端上去，因而可以让系统同时有几个不同的会话期存在。只有系统或超级用户 root 可以向/dev/tty0 进行写操作，所以终端是 tty1 ~ tty6，称这几个为控制台 console。桌面系统终端 tty2 ~ tty6，又称为控制台终端，保留 tty1 作为切换回图形界面使用。

各终端之间没有区别的，主要为了方便用户的登录。虚拟机状态下，切换用户的时候，只需要使用 Ctrl + Alt + Fn 组合键切换即可。例如，当按下 Ctrl + Alt + F2 组合键时，可登录到第一个控制台终端，使用安装系统时创建的普通用户身份登录，此处输入密码不会回显在屏幕上，如图 1 - 52 所示。也可同时启动 tty3、tty4、tty5、tty6 后，使用不同或相同的身份登录系统。想要切换登录身份时，可使用 exit 命令退出，再使用新身份登录。控制台在测试时使用较多。

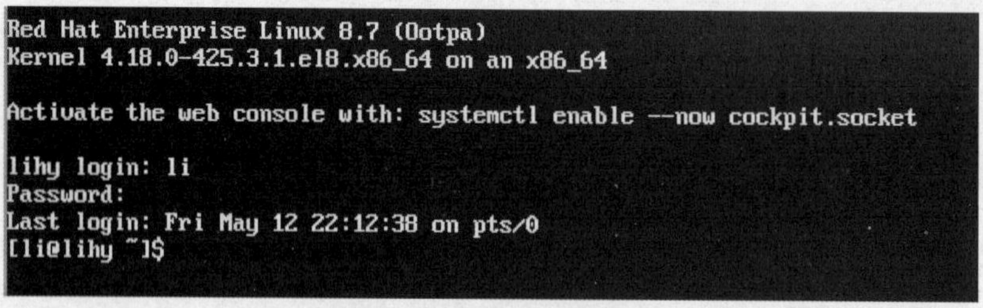

图 1 - 52　虚拟控制台 tty2

当需要切换回图形界面时，可使用 Ctrl + Alt + F1 组合键即可。

1.4.2 重置管理员 root 密码

在使用 Linux 操作系统的时候，一不小心可能会出现忘记 root 密码的情况，这个时候不要着急重新安装操作系统，可以试着通过重置管理员 root 密码来解决该问题。方法如下：

第一步：需要启动 RHEL 8，在引导界面的默认选项下，按下 e 键进入内核编辑界面，如图 1 - 53 所示。

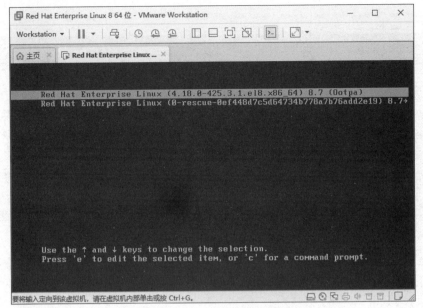

图 1 – 53　Linux 系统的引导界面

　　利用上下键翻页，找到"Linux（$root）/vmlinuz – 4.18.0 …"行，在行尾追加 "rd. break"，如图 1 – 54 所示，然后按下 Ctrl + X 组合键来运行修改过的内核程序。

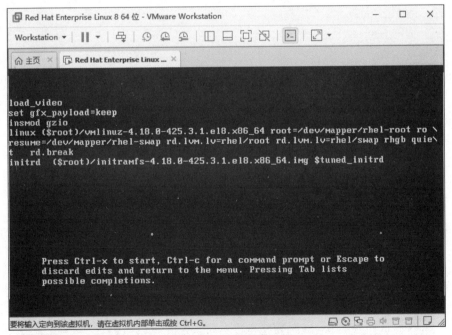

图 1 – 54　内核信息编辑

　　稍后进入救援模式，如图 1 – 55 所示。
　　在此模式下需要输入多条命令，依次如下：

```
mount -o remount,rw /sysroot
chroot /sysroot
```

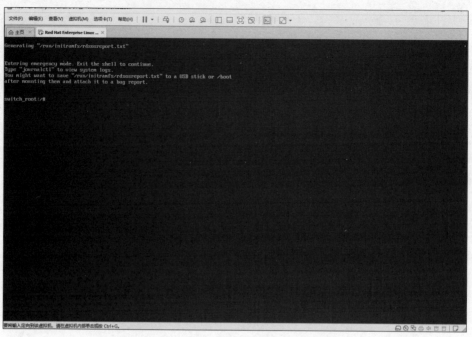

图 1-55　救援模式

```
passwd
touch /.autorelabel
exit
reboot
```

其中，passwd 语句是修改密码的意思，此处需要输入新的密码并再次确认，并且密码的录入不会体现在屏幕中，最后使用 reboot 命令重新启动系统，即可使用新的密码登录系统，如图 1-56 所示。

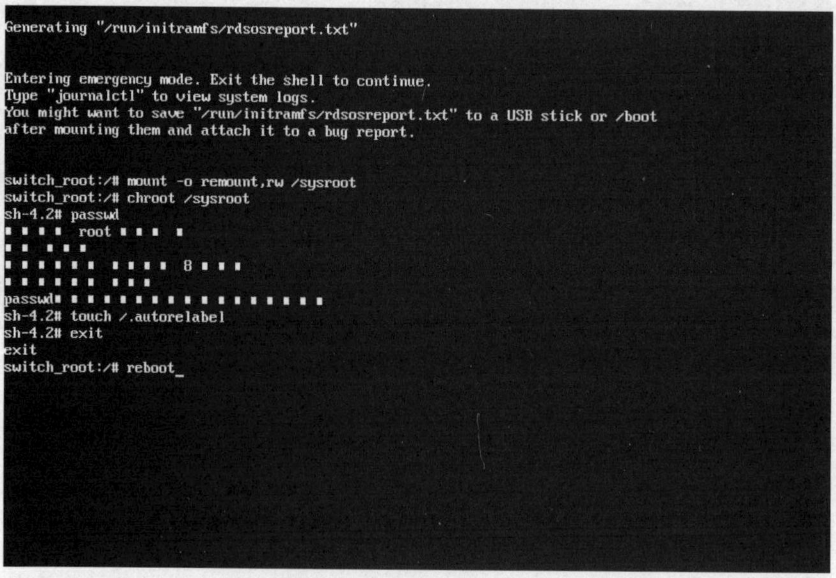

图 1-56　重置 root 密码

【课后习题】

1. Linux 是（　　）操作系统。

A. 单用户、单任务　　　　　　　　B. 单用户、多任务

C. 多用户、单任务　　　　　　　　D. 多用户、多任务

2. 安装 Linux 时，一定要挂载的目录是（　　）。

A. ／目录　　　　B. boot 目录　　　　C. root 目录　　　　D. home 目录

3. 以下关于 Linux 内核版本的说法，错误的是（　　）。

A. 以主版本号．次版本号．修正次数的形式表示

B. 4.2.2 表示稳定的发行版

C. 2.2.6 表示对内核2.2 的第6 次修正

D. 3.3.21 表示稳定的发行版

4. Linux 操作系统的内核创始人是（　　）。

A. Richard Stallman　　　　　　　B. Bill Gates

C. Dennis M. Ritchie　　　　　　　D. Linus Torvalds

5. Linux 内核包括几个重要部分，其中有（　　）。

A. 进程管理　　　　　　　　　　　B. 网络管理

C. 文件系统驱动　　　　　　　　　D. 以上都包括

6. Linux 系统最基础的组成部分是（　　）。

A. 内核　　　　B. Shell　　　　C. X Window　　　　D. GNOME

7. 下列不是 Linux 操作系统特点的是（　　）。

A. 开放性　　　　　　　　　　　　B. 良好的用户界面

C. 良好的可移植性　　　　　　　　D. 单用户

8. Linux 是所谓的 Free Software，这个“Free”的含义是（　　）。

A. Linux 不需要付费　　　　　　　B. Linux 发行商不能向用户收费

C. Linux 可自由修改和发布　　　　D. 只有 Linux 的作者才能向用户收费

9. 与 Windows 相比，Linux 在（　　）方面应用得相对较少。

A. 桌面　　　　B. 嵌入式系统　　　　C. 服务器　　　　D. 集群

10. 在 Linux 的文本界面方式下，重启命令是（　　）。

A. shutdown – r now　　B. shutdown – h now　　C. logout　　D. exit

项目二
Linux 文件系统管理

知识目标

1. 熟悉 Linux 系统的终端窗口和命令基础。
2. 了解 Linux 文件系统。
3. 熟悉 Linux 下的文件及其类型。
4. 了解 Linux 下的编辑器种类。
5. 熟悉 vim 编辑器的模式。

技能目标

1. 掌握文件目录类命令。
2. 掌握系统信息类命令。
3. 掌握进程管理类命令及其他常用命令。
4. 掌握使用 vim 编辑器对文件进行创建、保存、退出等操作。
5. 掌握使用 vim 编辑器对文件进行编辑、修改、复制粘贴和删除等操作。

素养目标

能够按照职业规范完成任务实施。

项目介绍

使用 Linux 服务器的优势之一是可以摒弃图形界面,从而为操作系统的运行节省更多资源,因此,时至今日,系统管理员在 Linux 系统下直接使用命令行完成所有工作,仍是这个行业的一贯作风。而且这样做还有一个好处,就是可以无缝衔接到其他 Linux 发行版本中。

现有一台 Linux 服务器,要求管理员能够对该服务器系统中的文件及目录进行日常管理及使用,并能熟练使用和维护各种文本编辑器,并编写简单的程序并运行。

任务1　管理文件系统

任务目标

安装 RHEL 8. x 操作系统后，需要对系统的各项设置进行巡检，并需要校正现有设置，在此之前，需要先掌握系统中各项命令的使用。

2.1　知识链接：Linux 下的文件与目录的相关概念

2.1.1　Linux 文件系统

文件系统是操作系统在磁盘上组织文件的一种方式。例如，有座图书馆，需要存储若干本图书，如果不借助任何工具将图书一本本摞起来，虽然也可以达到存储的目的，但是需要取阅和丢弃指定的图书时，事情就会变得异常棘手。这时利用书架将所有图书分门别类地进行摆放管理，不仅浏览图书时一目了然，而且可以加快图书的存取速度，不同操作系统都有自己独特的文件系统，如 Windows Server 2008/2012 操作系统支持的文件系统有 FAT32、NT-FS，而 Linux 操作系统支持十余种文件系统。

在 CentOS 7. x 以上的版本中，默认使用 XFS 及 SWAP 作为文件系统，下面简单介绍 Linux 常用的文件系统。

1. EXT 文件系统

EXT 是扩展文件系统，它是第一个专门为 Linux 操作系统设计的文件系统。在 Linux 发展早期，起到重要的支持作用。

EXT2 是为了解决 EXT 文件系统存在的缺陷而设计的扩展、高性能文件系统，称为二级扩展文件系统。EXT2 是 GNU/Linux 系统中标准的文件系统，支持 256 字节的长文件名，对文件的存取性能较好。

EXT3 是一种日志式文件系统，兼容 EXT2，此文件系统中详细记录了每个细节，因此，在发生中断时，系统可以根据这些记录直接回溯并重整被中断的部分，而不必花时间去检查其他部分，故重整的工作速度相当快，几乎不需要时间，极大地提高了系统的恢复时间以及数据的安全性。

EXT4 是一种针对 EXT3 系统的扩展日志文件系统，Linux Kernel 自 2. 6. 28 开始正式支持 EXT4 文件系统，EXT4 修改了 EXT3 中部分重要的数据结构，而不像 EXT3 对 EXT2 那样，只是增加了一个日志功能而已。

2. XFS 文件系统

XFS 文件系统是 SGI 开发的高级日志文件系统，XFS 极具伸缩性，非常健壮，并且 SGI 已将其用到了 Linux 系统中。

CentOS 6 操作系统以前的版本默认采用了 EXT4 文件系统，EXT4 作为传统的文件系统确实非常成熟稳定，但是随着存储需求越来越大，EXT4 逐渐无法适应需求。

XFS 是一个 64 位文件系统，最大支持 8 EB 的单个文件系统，实际部署时，取决于宿主操作系统的最大块限制。对于一个 32 位 Linux 系统，文件和文件系统的大小会被限制在 16 TB。

3. SWAP 文件系统

SWAP 分区也就是交换分区，系统在物理内存不够时，与 SWAP 分区进行交换，其功能类似于 Windows 系列操作系统下的虚拟内存。其实，SWAP 的调整对 Linux 服务器，特别是 Web 服务器的性能至关重要。通过调整 SWAP，有时可以越过系统性能"瓶颈"，节省系统升级费用。

在安装 Linux 操作系统时，会自行创建 SWAP 分区，它是 Linux 正常运行所必需的，其大小一般应设置为系统物理内存的 1.5~2 倍。交换分区由操作系统自行管理。

4. VFAT 文件系统

VFAT 是"扩展文件分配表系统"的意思，它对 FAT16 文件系统进行扩展，并提供支持长文件名，文件名可长达 255 个字符。VFAT 仍保留有扩展名，而且支持文件日期和时间属性，为每个文件保留了文件创建日期/时间、文件最近被修改的日期/时间和文件最近被打开的日期/时间这三个日期/时间。

Linux 处理文件的时候，把 FAT/VFAT/FAT32 的文件系统统一用 VFAT 来表示。CentOS 7. x 以上版本不仅支持 FAT 分区，也能在该系统中通过相关命令创建 FAT 分区。

5. NFS 文件系统

NFS（Network File System）即网络文件系统，是 FreeBSD 支持的文件系统中的一种，它允许网络中的计算机之间共享资源。在 NFS 的应用中，本地 NFS 的客户端应用可以透明地读写位于远端 NFS 服务器上的文件，就像访问本地文件一样。

6. ISO 9660 文件系统

ISO 9660 由国际标准化组织于 1985 年颁布，是唯一通用的光盘文件系统，任何类型的计算机以及所有的刻录软件都提供对它的支持。Linux 对该文件系统也有很好的支持作用，不仅能读取光盘和光盘 ISO 镜像文件，还支持在 Linux 环境中刻录光盘。

2.1.2 Linux 的文件及其类型

文件是操作系统用来存储信息的基本结构，是一组信息的集合。Linux 将系统中所有的数据文件、程序文件、设备文件及网络文件等都抽象成文件进行管理，用统一的方式方法进行管理，所以说 Linux 下皆可文件。文件通过文件名来唯一标识。Linux 中的文件名称最长允许 255 个字符，这些字符可由 A~Z、0~9、.、_ 、- 等符号表示。

Linux 下的文件的最大特点是没有"扩展名"的概念，也就是说，大部分文件的名称和该文件的种类并没有直接关联，而是结合文件本身的类型及权限来判断是何种文件。

Linux 中有七种文件类型：普通文件类型（-）、目录文件类型（d）、块设备文件类型（b）、字符设备类型（c）、套接字文件类型（s）、管道文件类型（p）、链接文件类型（l）。

通过执行#ls -l命令后查看执行结果，可以判断目录下的文件类型，如图 2-1 所示。命令执行结果的第一列字符即表示文件的类型，当前文件夹下，有目录文件（d）和普通文件（-）。

1. 普通文件（-）

普通文件是最常使用的一类文件，其特点是不包含有文件系统信息的结构信息。通常用户所接触到的文件，比如图形文件、数据文件、文档文件以及声音文件等，都属于这种文件，这种类型的文件按照其内部结构，又可分为纯文本文件（ASCII）、二进制文件（bina-

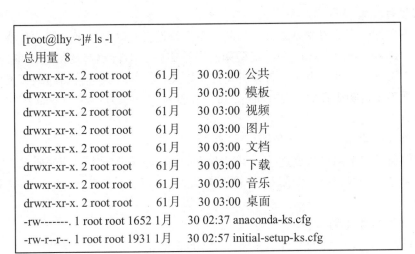

```
[root@lhy ~]# ls -l
总用量 8
drwxr-xr-x. 2 root root        6 1月    30 03:00 公共
drwxr-xr-x. 2 root root        6 1月    30 03:00 模板
drwxr-xr-x. 2 root root        6 1月    30 03:00 视频
drwxr-xr-x. 2 root root        6 1月    30 03:00 图片
drwxr-xr-x. 2 root root        6 1月    30 03:00 文档
drwxr-xr-x. 2 root root        6 1月    30 03:00 下载
drwxr-xr-x. 2 root root        6 1月    30 03:00 音乐
drwxr-xr-x. 2 root root        6 1月    30 03:00 桌面
-rw-------. 1 root root 1652 1月     30 02:37 anaconda-ks.cfg
-rw-r--r--. 1 root root 1931 1月     30 02:57 initial-setup-ks.cfg
```

图 2−1 ls −l 命令执行结果

ry）、数据格式的文件（data）、各种压缩文件。

✓ 纯文本文件（ASCII）：这是 UNIX 系统中最多的一种文件类型。之所以称为纯文本文件，是因为从内容中可以直接读到数据，例如数字、字母等。例如，使用命令"cat ~/ .bashrc"就可以看到该文件的内容（cat 是将文件内容读出来）。

✓ 二进制文件（binary）：系统其实仅认识且可以执行二进制文件（binary file）。Linux 中的可执行文件（脚本，文本方式的批处理文件不算）就是这种格式的。例如，命令 cat 就是一个二进制文件。

✓ 数据格式的文件（data）：有些程序在运行过程中，会读取某些特定格式的文件，那些特定格式的文件可以称为数据文件（data file）。例如，Linux 在用户登录时，都会将登录数据记录在/var/log/wtmp 文件内，该文件是一个数据文件，它能通过 last 命令读出来。但使用 cat 时，会读出乱码。因为它是一种特殊格式的文件。

使用 ls −l 命令查看时，首列为"−"的文件即为普通文件类型。

2. 目录文件类型（d）

Linux 下的目录文件类似于 Windows 下的"文件夹"，用于存放文件名以及其相关信息的文件，是内核组织文件系统的基本节点。目录文件可以包含下一级文件目录或者普通文件，在 Linux 中，目录文件是一种文件，可以用#cd 命令进入。使用 ls −l 命令查看时，首列为"d"（directory）的文件即为普通文件类型。

3. 块设备文件类型（b）

块设备文件在 Linux 系统中用于与硬件设备进行交互，特别是那些以固定大小的数据块进行读写的设备。它们允许用户空间程序通过文件系统接口与块设备通信。块设备文件广泛应用于各种场景，包括但不限于：

文件系统：创建和管理文件系统，如 ext4、NTFS 等。

数据备份：通过块设备文件进行磁盘到磁盘的备份。

虚拟化：在虚拟机环境中，块设备文件用于模拟物理硬盘。

RAID 配置：在 RAID 阵列中，块设备文件用于管理和配置磁盘阵列？

4. 字符设备类型（c）

字符设备文件以字节流的方式进行访问，由字符设备驱动程序来实现这种特性，这通常要用到 open、close、read、write 等系统调用。字符终端、串行端口的接口设备，例如键盘、鼠标就是字符设备。另外，由于字符设备文件是以文件流的方式进行访问的，因此可以顺序读取，但通常不支持随机存取。使用 ls – l 命令查看时，首列为"c"（char）的文件即为普通文件类型。

5. 套接字文件类型（s）

这类文件通常用于网络数据连接。可以启动一个程序来监听客户端的要求，客户端可以通过套接字来进行数据通信。使用 ls – l 命令查看时，首列为"s"（socket）的文件即为普通文件类型。

6. 管道文件类型（p）

管道文件是一种很特殊的文件，主要用于不同进程的信息传递。当两个进程需要进行数据或者信息传递时，可以使用通道文件，一个进程将需要传递的数据或者信息写入管道的一端，另一进程从管道的另一端取得所需的数据或者信息。通常管道建立在调整缓存中。使用 ls – l 命令查看时，首列为"p"（pipe）的文件即为普通文件类型。

7. 链接文件类型（l）

链接文件是一种特殊文件，可以指向一个真实存在的文件链接，类似于 Windows 下的快捷方式。链接文件又可分为硬链接文件和符号链接文件。使用 ls – l 命令查看时，首列为"l"的文件即为普通文件类型。

2.1.3 Linux 下的目录结构

在 Linux 系统中，目录、字符设备、块设备、套接字、打印机等都被作为文件进行管理，即 Linux 系统中的一切都是文件。

Linux 操作系统采用了树状结构组织管理文件，也就是在一个目录中存放子目录和文件，而在子目录中又会进一步存放子目录与文件，依此类推，形成一个树形的文件结构，严格来说更像是一棵树的树根结构，因此简化后称其为"目录树"，如图 2 – 2 所示。

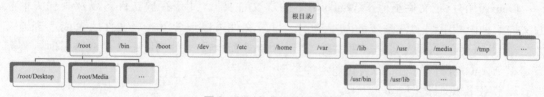

图 2 – 2　Linux 下的目录树

/root：该目录为系统管理员，也称为超级用户的用户主目录。

/bin：bin 为 Binary 的缩写，存放经常使用的命令。

/boot：存放启动 Linux 时的核心文件，包括一些链接文件及镜像文件。

/dev：类似于 Windows 的设备管理器，把所有的硬件用文件的形式存储。

/etc：所有的系统管理所需的配置文件和子目录，比如安装 MySQL 数据库 my. conf。

/home：存放普通用户的主目录，Linux 中每个用户都有自己的目录。

/var：存放一些不断扩充的内容，习惯将经常被修改的目录存放在这里，如各种日志。

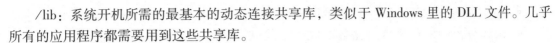

　　/lib：系统开机所需的最基本的动态连接共享库，类似于 Windows 里的 DLL 文件。几乎所有的应用程序都需要用到这些共享库。

　　/usr：非常重要，用户的很多应用程序和文件都放在这个目录下，类似于 Windows 下的 program files 目录。

　　/media：Linux 系统会自动识别一些设备，如 U 盘、光驱等，并把识别的设备挂载到这个目录下；与其类似的还有/mnt 文件夹，作用是将外部的存储挂载到/mnt/上，如共享文件夹。

　　/tmp：存放临时文件，作用类似于 Windows 下的 "C:\temp" 文件夹。

　　此外，还有一些固定的目录，如：

　　/sbin：存放系统管理员使用的系统管理程序，首字母 s 为 super user 的缩写。

　　/opt：给主机额外安装软件所存放的目录（软件安装包存放），如安装 Oracle 数据库就可放到该目录下，默认为空。

　　/usr/local：给主机额外安装软件所存放的目录（软件安装的目标目录），一般是通过编译源码的方式安装的程序。

　　/proc：是一个虚拟的目录，是系统内存的映射。通过访问这个目录来获取信息，不能动这个文件。

　　/srv：service 的缩写，存放一些服务启动之后需要提取的数据，不能动这个文件。

　　/sys：安装了内核中新出现的一个文件系统 sysfs，不能动这个文件。

　　/selinux：security – enhanced linux，一种安全子系统，控制程序只能访问特定文件，有三种模式，可自行设置。

　　/lost + found：隐藏目录，一般情况为空，当系统非法关机后，会存放一些文件。

2.1.4　路径相关概念

1. 当前工作目录

　　在 Linux 中，当前工作目录又称"当前目录"或"工作目录"，是用户登录 Linux 系统后，在文件系统中当前所在的目录；用户在该目录下的一系列操作，相当于在该目录下工作，所以叫"工作"目录。工作目录是可以随时改变的。

2. 绝对路径和相对路径

　　绝对路径和相对路径的概念在很多计算机专业相关课程中都有所涉及，这两种路径所表达的意义在于绝对路径可以精确引用，而相对路径则是在目标目录下进行引用，因此，在网页编程中使用相对路径较多，以便将站点上传至服务器后能正常运作。

　　那么如何更好地理解绝对路径与相对路径呢？打个比方，假设你在校园内问路，想找到"网络操作系统实训室"，这时 A 告诉你：从学校大门开始，直行穿过 1 号楼，进入 4 号楼，坐电梯上 5 楼，504 机房便是"网络操作系统实训室"；而 B 过来告诉你：何必这么麻烦，我们所在位置就是 4 号楼 3 层，你走楼梯上两层楼，右转便是"网络操作系统实训室"。听起来似乎 B 的方法更能快速定位到你要去的位置，但前提是你当前的位置离目的地很近，否则效果未必能像 A 的方法那么准确定位到所要到达的目的地。以上 A 使用的就是绝对路径，B 使用的是相对路径，由此可以发现，究竟该使用绝对路径还是相对路径要结合实际情况来确定，而没有真正意义上的孰优孰劣。

● 绝对路径：由根目录（/）开始写起的文件名或目录名称，如/home、/usr/local 等。

● 相对路径：相对于目前路径的文件名写法，如 ./anaconda – ks. cfg、../../home/lhy 等。

在相对路径中出现了两个新符号：

● "."表示当前所在位置，即当前工作目录，开机后终端默认工作目录为当前登录用户的宿主目录下。

● ".."表示上一级目，也就是当前目录的上一级，"../../" 则表示上两级目录，如当前目录已经在 "/" 即根目录下，那么 ".." 只能停留在 "/" 下。

掌握好以上概念，对接下来学习 Linux 的命令起到很好的帮助作用。

2.2 任务实施：Linux 下的常用命令

2.2.1　Linux 命令格式

Linux 系统中的命令是严格区分大小写的。在命令行中可以使用 Tab 键自动补全命令，

即可以输入命令的前几个字母，按下 Tab 键后，系统会自动补全命令。如命令不是唯一的，无法确定，则会显示当前目录下的所有和输入字母相匹配的命令。

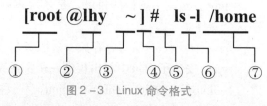

图 2 – 3　Linux 命令格式

Linux 命令格式包含多项内容，如图 2 – 3 所示，包括命令提示符、命令字、选项及参数。

①root：此处表示当前登录的用户身份，root 为管理员，也可以是普通用户。

②lhy：此处为主机名称，可通过修改/etc/hostname 文件来改变主机名。

③~：此处表示当前工作目录，" ~ " 表示当前所在位置为登录用户的宿主目录。

④#：此处表示当前用户身份，管理员显示为 "#"，普通用户则显示为 "$"。

⑤ls：此处是命令字，执行命令时为必不可少项。

⑥ – l：此处为命令选项，一般为 " – "+"功能字" 的格式，根据需要可以省略。

⑦/home：此处为命令参数，主要是操作对象。

其余的中括号和 "@" 为 BASH 命令提示符的标准格式，是必不可少的。每种 Shell 会有不同的提示符格式。

Linux 的命令很灵活，有多种书写形式，用户可以根据需要来选择命令格式。下面可以通过几个例子来说明：

```
[root@ lhy ~]# ls                        //只有命令
[root@ lhy ~]# ls  -l                     //含有命令和选项
[root@ lhy ~]# ls  /home                  //含有命令和参数
[root@ lhy ~]# ls  -l  /home              //含有命令、选项和参数
[root@ lhy ~]# cp  /var/www/html/index. htm  /website/html/index. html
                                          //含有命令和多个参数
```

综上所述，命令格式可以归纳为以下格式：

```
[用户名@ 主机名 工作目录]提示符 命令字  ［选项］ ［参数1］ ［参数2］…［参数n］
```

2.2.2　常用目录操作命令

1. pwd 命令

pwd 命令来自英文词组"print working directory"的缩写。该命令用于显示用户当前所处的目录。如果用户不知道自己当前所处的目录，则可以使用该命令。

使用权限：所有使用者。

使用方式：

```
pwd
```

范例：

```
[root@ lhy ~]# pwd                         //显示当前工作目录
```

2. cd 命令

cd 命令来自英文词组"change directory"的缩写。变换工作目录至目标目录，目标目录可以用绝对路径或相对路径来表示。若目录名称省略，则变换至使用者的主目录。

另外，"~"也表示主目录，"."表示目前所在的目录，".."表示目前目录位置的上一层目录。

使用权限：所有使用者。

使用方式：

```
cd ［选项］ ［目录名］
```

选项：

-P：如果切换的目标目录是一个符号链接，则直接切换到符号链接指向的目标目录。

-L：如果切换的目标目录是一个符号链接，则直接切换到符号链接名所在的目录。

~：切换至当前用户目录。

..：切换至当前目录位置的上一级目录。

-：仅使用"-"选项时，当前目录将被切换到环境变量"OLDPWD"对应值的目录，就是上一次所在目录。

范例：

```
[root@ lhy ~]# cd  /usr/bin                //将工作目录切换到/usr/bin/
[root@ lhy ~]# cd  ~                       //跳到自己的 home directory
[root@ lhy ~]# cd  ../..                   //跳到目前目录的上上两层
[root@ lhy ~]# cd  -                       //在最近使用的两个目录间跳转
```

3. mkdir 命令

mkdir 命令来自英文词组"make directories"的缩写。mkdir 命令用于创建一个目录，但一次只能创建一个目录，如需创建多级目录，需加 -p 选项。

使用权限：对目前目录有适当权限的所有使用者。

使用方式：

```
mkdir ［选项］ 目录
```

选项：-p 在创建目录时，如果父目录不存在，则同时创建该目录及该目录的父目录，也就是创建多级目录。

范例：

```
[root@ lhy ~]# mkdir  project                    //创建 project 目录
[root@ lhy ~]# mkdir  -p  /staff/sales           //创建多级目录/staff/sales
```

4. rmdir 命令

rmdir 命令来自英文词组 "remove directories" 的缩写。rmdir 命令用于删除空目录，rm-dir 命令仅能够删除空内容的目录文件，如需删除非空目录，则需要使用带有 – R 参数的 rm 命令进行操作。

使用权限：对目前目录有适当权限的所有使用者。

使用方式：

```
rmdir  [选项]  目录
```

选项：– p 是当子目录被删除后使它也成为空目录的话，则一并删除。

范例：

```
[root@ lhy ~]# rmdir AAA                //将工作目录下名为 AAA 的子目录删除
[root@ lhy ~]# rmdir -p BBB/Test        /* 在工作目录下的 BBB 目录中,删除名为 Test 的子
目录。若 Test 删除后,BBB 目录成为空目录,则 BBB 会被删除*/
```

2.2.3　常用文件操作命令

1. ls 命令

ls 是最常被使用到的 Linux 命令之一，来自英文单词 list 的缩写。也正如 list 单词的英文意思，其功能是列举出指定目录下的文件名称及其属性。

使用权限：所有使用者。

使用方式：

```
ls  [选项]  [name…]
```

选项：

– a：显示所有文件及目录（ls 内定将文件名或目录名称开头为 "." 的视为隐藏档，不会列出）。

– l：除文件名称外，还将文件形态、权限、拥有者、文件大小等资讯详细列出。

– r：将文件以相反次序显示（原定依英文字母次序）。

– t：将文件依建立时间的先后次序列出。

– A：同 – a，但不列出 "."（目前目录）及 ".."（父目录）。

– F：在列出的文件名称后加一符号。例如，可执行档加 "＊"，目录则加 "/"。

– R：若目录下有文件，则以下的文件也皆依序列出。

范例：

```
[root@ lhy ~]# ls -ltr s*           /* 列出目前工作目录下所有名称是 s 开头的文件,越
新的排在越后面*/
```

```
[root@ lhy ~]# ls -lR /bin                //将/bin 目录下所有目录及文件详细资料列出
[root@ lhy ~]# ls -AF                     /* 列出目前工作目录下所有文件及目录;目录名称后
加"/",可执行档名称后加"* "*/
```

2. touch 命令

touch 命令的功能是创建空文件与修改时间戳。如果文件不存在，则会创建出一个空内容的文本文件；如果文件已经存在，则会对文件的 Atime（访问时间）和 Ctime（修改时间）进行修改操作，管理员可以完成此项工作，而普通用户只能管理主机的文件。

使用权限：所有使用者。

使用方式：

touch〔选项〕文件

选项：

a：改变文件的读取时间记录。

m：改变文件的修改时间记录。

c：假如目的文件不存在，不会建立新的文件。与 – – no – create 的效果一样。

f：不使用，是为了与其他 UNIX 系统相容而保留。

r：使用参考档的时间记录，与 – – file 的效果一样。

d：设定时间与日期，可以使用各种不同的格式。

t：设定文件的时间记录，格式与 date 指令相同。

– – no – create：不会建立新文件。

– – help：列出指令格式。

– – version：列出版本信息。

范例：

```
[root@ lhy ~]#touch file               //将文件的时候记录改为现在的时间。若文
[root@ lhy ~]#touch file1 file2        //件不存在,系统会建立一个新的文件。

[root@ lhy ~]#touch -c -t 050618032023 file  /* 将 file 时间记录改为 5 月 6 日 18 点 3
分,公元 2023 年*/
[root@ lhy ~]#touch -c -t 05061803 file      /* 时间的格式可以参考 date 指令,至少需
输入 MMDDHHmm,就是月日时与分*/
[root@ lhy ~]#touch -r rfile file            /* 将 file 的时间记录改变成与 rfile
一样*/
[root@ lhy ~]#touch -d "6:03pm" file         //将 file 时间记录改成 18 点 3 分
[root@ lhy ~]#touch -d "05/06/2023" file     //将 file 时间记录改成 2023 年 5 月
6 日
[root@ lhy ~]#touch -d "6:03pm 05/06/2000" file    /* 时间可以使用 am、pm 或是 24
小时的格式*/
```

3. cat 命令

cat 命令来自英文单词 catenate、concatenate 的缩写。其功能是查看文件内容。cat 命令适合查看内容较少的、纯文本的文件。

使用权限：所有使用者。

使用方式：

`cat`[选项]文件

选项：

-n 或 -number：由 1 开始对所有输出的行数编号。

-b 或 --number-nonblank：和 -n 相似，只不过对空白行不编号。

-s 或 --squeeze-blank：当遇到有连续两行以上的空白行时，就代换为一行空白行。

-v 或 --show-nonprinting：运用^和 M-引证，除了 LFD 和 TAB 之外。

范例：

```
[root@lhy ~]# cat /etc/redhat-release        //查看当前操作系统的版本
[root@lhy ~]# cat -n /etc/inittab            //显示文件内容的同时,行首加行号
```

4. more 命令

类似于 cat，不过会以一页一页显示，方便使用者逐页阅读。最基本的指令是按空白键（space）就往下一页显示，按 b 键就会往回（back）一页显示，而且还有搜寻字串的功能（与 vi 相似），按 h 键使用说明中的文件。

使用权限：所有使用者。

使用方式：

`more`[选项]文件

选项：

-num：一次显示的行数。

-d：提示使用者，在画面下方显示 [Press space to continue，q to quit.]，如果使用者按错键，则会显示 [Press h for instructions.]，而不是哗声。

-l：取消遇见特殊字元^L（送纸字元）时会暂停的功能。

-f：计算行数时，以实际行数，而非自动换行后的行数（有些单行字数太长，会被扩展为两行或两行以上）计算。

-p：不以卷动的方式显示每一页，而是先清除屏幕后再显示内容。

-c：跟 -p 相似，不同的是，先显示内容，再清除其他旧资料。

-s：当遇到有连续两行以上的空白行，就代换为一行的空白行。

-u：不显示下引号（根据环境变数 TERM 指定的 terminal 而有所不同）。

+/：在每个文件显示前搜寻该字串（pattern），然后从该字串之后开始显示。

+num：从第 num 行开始显示。

范例：

```
[root@lhy ~]#more -s testfile          /* 逐页显示 testfile 文件内容,如有连续两行以
上空白行,则以一行空白行显示*/
[root@lhy ~]#more +20 testfile         //从第 20 行开始显示 testfile 文件内容
```

5. less 命令

less 命令的功能是分页显示文件内容。分页显示的功能与 more 命令很相像，但 more 命令只能从前向后浏览文件内容，而 less 命令则不仅能从前向后（PageDown 键）浏览文件内

容，还可以从后向前（PageUp 键）浏览文件内容，更加灵活。

使用权限：所有使用者。

使用方式：

less［参数］文件

选项：

－b：设置缓冲区的大小。

－e：当文件显示结束后自动退出。

－f：强制打开文件。

－g：只标志最后搜索的关键词。

－i：忽略搜索时的大小写。

－m：显示阅读进度百分比。

－N：显示每行的行号。

－o：将输出的内容在指定文件中保存起来。

－Q：不使用警告音。

－s：显示连续空行为一行。

－S：在单行显示较长的内容，而不换行显示。

－x：将 TAB 字符显示为指定个数的空格字符。

范例：

```
[root@ lhy ~]#less  /etc/passwd
[root@ lhy ~]#less -N anaconda-ks.cfg
```

6. cp 命令

cp 命令来自英文单词 copy 的缩写，用于将一个或多个文件或目录复制到指定位置，也常用于文件的备份工作。－r 参数用于递归操作，复制目录时，若忘记加，则会直接报错，而－f 参数则用于当目标文件已存在时直接覆盖而不再询问，这两个参数尤为常用。

使用权限：所有使用者。

使用方式：

cp［选项］源文件 目标文件

选项：

－a：尽可能将档案状态、权限等资料都照原状予以复制。

－r：若 source 中含有目录名，则将目录下的档案也皆依序复制至目的地。

－f：若目的地已经有相同名称的档案存在，则在复制前先予以删除，再进行复制。

范例：

```
[root@ lhy ~]#cp aaa bbb          //将档案 aaa 复制(已存在),并命名为 bbb
[root@ lhy ~]#cp *.c  /Finished   //将所有 C 语言程序复制至 Finished 子目录中
[root@ lhy ~]#cp -r Documents Doc //将目录 Documents 复制一份并命名为 Doc
[root@ lhy ~]#cp -a anaconda-ks.cfg  ak.cfg   /* 复制文件时,保留其原始权限及用户归属
信息*/
[root@ lhy ~]#cp -fak.cfg/etc                 /* 将文件复制到/etc 目录,覆盖已有同名
文件,不询问*/
```

```
[root@lhy ~]#cp anaconda-ks.cfg  ak.cfg/etc/* 同时将多个文件复制到/etc 目录,如有
同名文件,则询问是否覆盖*/
```

7. mv 命令

mv 命令来自英文单词 move 的缩写,其功能与英文含义相同,用于对文件进行剪切和重命名。cp 命令用于文件的复制操作,文件个数是增加的,而 mv 则为剪切操作,也就是对文件进行移动(搬家)操作,文件位置发生变化,但总个数并无增加。在同一个目录内对文件进行剪切的操作,实际应理解成重命名操作。

使用权限:所有使用者。

使用方式:

mv [选项] 源文件 目标文件

选项:

-i:若目的地已有同名档案,则先询问是否覆盖旧档案。

-f:覆盖已有文件时,不进行任何提示。

-b:当文件存在时,覆盖前为其创建一个备份。

-u:当源文件比目标文件新,或者目标文件不存在时,才执行移动此操作。

范例:

```
[root@lhy ~]#mv aaa bbb          //将文件 aaa 更名为 bbb
[root@lhy ~]#mv ks.cfg /etc      //将所有的 C 语言程序移至 Finished 子目录中
[root@lhy ~]#mv dir /var/docs    //将目录移动到/var 目录中并更名
[root@lhy ~]#mv -f /home/* .     /* 将/home 目录中所有的文件都移动到当前工作目录
中,遇到已存在的文件,则直接覆盖*/
```

8. rm 命令

rm 命令来自英文单词 remove 的缩写,其功能是删除文件或目录,一次可以删除多个文件,或递归删除目录及其内的所有子文件。rm 也是一个很危险的命令,使用的时候要特别当心,尤其对于新手,更要格外注意。如执行 rm-rf/ * 命令,则会清空系统中所有的文件,甚至无法恢复回来。因此,rm-f 命令一定要谨慎使用,以免造成无法挽回的损失。

使用权限:所有使用者。

使用方式:

rm [选项] 文件

选项:

-i:删除前逐一询问确认。

-f:即使原档案属性设为只读,也直接删除,无须逐一确认。

-r:将目录及以下的档案也逐一删除。

范例:

```
[root@lhy ~]#rm -i *.c           //交互式删除所有 C 语言程序
[root@lhy ~]#rm -r dir           //将 dir 子目录及子目录中所有文件删除
[root@lhy ~]#rm -f *.txt         //强制删除当前工作目录下所有以 .txt 结尾的文件
```

9. find 命令

　　find 命令的功能是根据给定的路径和条件查找相关文件或目录，可以使用的参数很多，并且支持正则表达式，结合管道符后能够实现更加复杂的功能，是系统管理员和普通用户日常工作必须掌握的命令之一。

　　find 命令通常进行的是从根目录（/）开始的全盘搜索，对于服务器负载较高的情况，建议不要在高峰时期使用 find 命令的模糊搜索，会相对消耗较多的系统资源。

　　使用权限：所有使用者。

　　使用方式：

```
find ［路径］ ［选项］
```

　　find 命令可使用的选项有二三十个之多，在此只介绍最常用的部分。

　　选项：

　　- name：匹配名称。

　　- perm：匹配权限（mode 为完全匹配，- mode 为包含即可）。

　　- user：匹配所有者。

　　- group：匹配所有组。

　　- mtime - n + n：匹配修改内容的时间（- n 指 n 天以内，+ n 指 n 天以前）。

　　- atime - n + n：匹配访问文件的时间（- n 指 n 天以内，+ n 指 n 天以前）。

　　- ctime - n + n：匹配修改文件权限的时间（- n 指 n 天以内，+ n 指 n 天以前）。

　　- nouser：匹配无所有者的文件。

　　- nogroup：匹配无所有组的文件。

　　- newer f1 ! f2：匹配比文件 f1 新但比 f2 旧的文件。

　　- type b/d/c/p/l/f：匹配文件类型（后面的字母依次表示块设备、目录、字符设备、管道、链接文件、文本文件）。

　　- size：匹配文件的大小（+ 50 KB 为查找超过 50 KB 的文件，而 - 50 KB 为查找小于 50 KB 的文件）。

　　- prune：忽略某个目录。

　　- exec…{} \;：后面可跟用于进一步处理搜索结果的命令。

　　find 命令可以使用（）将运算式分隔，并使用下列运算。

```
exp1 - and exp2
!expr
- not expr
exp1 - or exp2
exp1,exp2
```

　　范例：

```
［root@ lhy ~］# find - name "*.c"
```
//将当前目录及其子目录下所有 c 语言程序列出来
```
［root@ lhy ~］#find / - type f - perm /a = x
```
//全盘搜索系统中所有类型为普通文件,且可以执行的文件信息
```
［root@ lhy ~］# find - ctime -20
```

//将当前目录及其子目录下所有最近 20 分钟内更新过的文件列出

`[root@lhy ~]#find -mtime +7`

//将当前目录及其子目录下所有近 7 天内被修改过的文件列出

`[root@lhy ~]#find / -name "*.mp4" -exec rm -rf {}\;`

//全盘搜索系统中所有后缀为 .mp4 的文件后,删除所有查找到的文件

10. ln 命令

ln 命令来自英文单词 link 的缩写,中文译为"链接",其功能是为某个文件在另外一个位置建立同步的链接。Linux 系统中的链接文件有两种形式:一种是硬链接(hard link),另一种是软链接(symbolic link)。软连接相当于 Windows 系统中的快捷方式文件,原始文件被移动或删除后,软连接文件也将无法使用,而硬链接则是通过将文件的 inode 属性块进行了复制,因此把原始文件移动或删除后,硬链接文件依然可以使用。

总之,不论是硬链接或软链接,都不会将原本的文件复制一份,而是占用非常少量的磁盘空间。

使用权限:所有使用者。

使用方式:

`ln`[选项]源文件 目标文件

选项:

-b:为每个已存在的目标文件创建备份文件。

-d:此选项允许"root"用户建立目录的硬链接。

-f:强制创建链接,即使目标文件已经存在。

-n:把指向目录的符号链接视为一个普通文件。

-i:交互模式,若目标文件已经存在,则提示用户确认进行覆盖。

-s:对源文件建立符号链接,而非硬链接。

-v:详细信息模式,输出指令的详细执行过程。

范例:

`[root@lhy ~]#ln -s yy zz`   //为文件 yy 创建一个 symbolic link:zz

`[root@lhy ~]#ln yy xx`   //将档案 yy 产生一个 hard link:zz

11. locate 命令

locate 命令的功能是快速查找文件或目录。与 find 命令进行全局搜索不同,locate 命令是基于数据库文件(/var/lib/locatedb)进行的定点查找,由于缩小了搜索范围,因此速度快很多。

Linux 系统需定期执行 updatedb 命令对数据库文件进行更新,然后使用 locate 命令进行查找,这样才会更加准确。

使用权限:所有使用者。

使用方式:

`locate`[选项]文件说明

选项:

-d:指定数据库所在的目录。

——help：显示帮助。

——version：显示版本信息。

范例：

```
[root@ lhy ~]#updatedb                //更新数据库文件
[root@ lhy ~]#locate network         //搜索带有关键词 network 的文件
[root@ lhy ~]#locate /etc/network    //搜索带有关键词/etc/network 的文件
```

2.2.4 输入/输出重定向与管道

1. 输入/输出重定向

Linux 中，输入设备默认是指键盘，标准输出设备默认是指显示器。这里要介绍的输入、输出重定向完全可以从字面意思去理解，也就是：

- 输入重定向：指重新指定设备来代替键盘作为新的输入设备。
- 输出重定向：指重新指定设备来代替显示器作为新的输出设备。

所谓重定向，就是不使用系统的标准输入端口、标准输出端口或标准错误端口，而进行重新指定，所以重定向分为输入重定向、输出重定向和错误重定向。通常情况下可以重定向到一个对应文件中，而 shell 通过检查命令行中有无重定向符来决定是否试试重定向。表 2 - 1 中列出了常用的重定向符。

表 2 - 1　输入输出重定向符

重定向符	说明
<	标准输入重定向符。将指定文件作为命令的输入设备
> >>	标准输出重定向符。将命令执行的标准输出结果重定向输出到指定的文件中，其中，"＞"表示覆盖原有数据，"＞＞"表示追加到文件结尾
2 > 2 >>	与上面相对应，区别在于此处的"2"表示命令执行的错误结果，"2＞"表示用命令执行的错误信息覆盖文件，"2＞＞"表示将命令执行的错误信息追加到文件结尾
& >	将标准输出或者错误输出写入指定文件

由于 Linux 一般的命令结果都输出在命令行中，无法进行修改或者查找等操作，因此，要借助重定向写入文件后再进一步处理。下面通过几个例子了解重定向符的使用。

```
[root@ lhy ~]# echo "hello"＞demo. txt      /* 将原本输出到屏幕的字符串写入文件,按
Ctrl +D 组合键结束*/
[root@ lhy ~]# cat demo. txt＞redirect. txt   //将 demo 文件内容写入新文件
[root@ lhy ~]# cat file1. txt  file2. txt＞file. txt
                                          //将 file1 和 file2 文件内容合并为 file
[root@ lhy ~]# ls -1  /tmp＞dir            //将 ls 命令运行结果写入 dir 文件
[root@ lhy ~]# ls -1  /etc＞＞dir           //将 ls 命令运行结果追加到 dir 结尾
[root@ lhy ~]# wc＜/etc/passwd            //将文件内容作为 wc 命令的执行对象
[root@ lhy ~]# myprog 2＞error. txt        //运行 myprog 的错误提示写入 error. txt
[root@ lhy ~]# grep "This is my website"＞/var/www/html/index. htm
                                          //将双引号内的字符串写入站点页面
```

2. 管道

Linux 中的管道命令操作符使用"丨"来表示，简称管道符。使用"丨"可以将两个命令分隔开，"丨"左边命令的输出就会作为"丨"右边命令的输入，此命令可连续使用，第一个命令的输出会作为第二个命令的输入，第二个命令的输出又会作为第三个命令的输入，依此类推。它只能处理经由前面一个指令传出的正确输出信息，对错误信息信息没有直接处理能力。管理命令的输出说明：

指令1 丨 指令2 丨 指令3

例如，命令 cat index. htm丨 sort丨 wc − w 的运行顺序如图 2 − 4 所示。

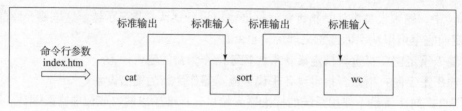

图 2 − 4　管道符示意图

注意：
①管道命令只处理前一个命令正确输出，不处理错误输出。
②管道命令的右边命令必须能够接收标准输入流命令才行。
管道是一种通信机制，通常用于进程间的通信。它表现出来的形式将前面每一个进程的输出（stdout）直接作为下一个进程的输入（stdin）。例如以下命令：

```
[root@ lhy ~]# ls -l | less          //将 ls -l 命令结果分屏显示
[root@ lhy ~]# cat ifcfg-ens160 | grep IP     //在 ifcfg-ens160 文件中寻找 IP 字段
[root@ lhy ~]# rpm -qa | grep samba      //检查系统中是否安装 Samba 软件包
```

2.2.5　进程相关命令

操作系统中同时存在许多进程，每个进程各不相同，进程管理类命令是对进程进行各种显示和设置的命令。进程管理命令诸多，此处只介绍使用最多的几个命令。

1. ps 命令

ps 命令来自英文词组"process status"的缩写，其功能是显示当前系统的进程状态。使用 ps 命令可以查看到进程的所有信息，例如进程的号码、发起者、系统资源使用占比（处理器与内存）、运行状态等，帮助我们及时发现哪些进程出现"僵死"或"不可中断"等异常情况。

使用权限：所有使用者。
使用方式：

ps[选项]

选项：
ps 的参数非常多，在此仅列出几个常用的参数并大略介绍含义。
− A：列出所有的进程。

-w：显示加宽，可以显示较多的信息。

-au：显示较详细的信息。

-aux：显示所有包含其他使用者的进程。

au（x）的输出格式：

USER	PID	%CPU	%MEM	VSZ	RSS	TTY	STAT	START	TIME	COMMAND

USER：进程所有者。

PID：进程号。

%CPU：占用的 CPU 使用率。

%MEM：占用的记忆体使用率。

VSZ：占用的虚拟记忆体大小。

RSS：占用的记忆体大小。

TTY：终端的次要装置号码（minor device number of tty）。

STAT：该行程的状态：

✔ D：不可中断的静止。

✔ R：正在执行中。

✔ S：静止状态。

✔ T：暂停执行。

✔ Z：不存在但暂时无法消除。

✔ W：没有足够的记忆体分页可分配。

✔ <：高优先序的行程。

✔ N：低优先序的行程。

✔ L：有记忆体分页分配并锁在记忆体内。

START：行程开始时间。

TIME：执行的时间。

COMMAND：所执行的指令。

范例：

```
[root@lhy ~]#ps
   PID TTY          TIME CMD
  2539 pts/0    00:00:00 bash
  2947 pts/0    00:00:00 ps
[root@lhy ~]#ps -A
PID TTY TIME     CMD
    1 ?         00:00:01 systemd
    2 ?         00:00:00 kthreadd
    3 ?         00:00:00 rcu_gp
    4 ?         00:00:00 rcu_par_gp……
[root@lhy ~]# ps -aux
USER   PID %CPU  %MEM    VSZ     RSS     TTY     STAT   START TIME       COMMAND
root     1   0.0   0.7  175580  13996    ?       Ss    19:30   0:01/usr/lib/syst
root     2   0.0   0.0       0      0    ?       S     19:30   0:00[kthreadd]
```

root	3	0.0	0.0	0	0	?	I<	19:30	0:00[rcu_gp]
root	4	0.0	0.0	0	0	?	I<	19:30	0:00[rcu_par_gp]

2. top 命令

top 命令的功能是实时显示系统运行状态，包含处理器、内存、服务、进程等重要资源信息。运维工程师们常常会把 top 命令比作"加强版的 Windows 任务管理器"，因为除了能看到常规的服务进程信息以外，还能够对处理器和内存的负载情况一目了然，实时感知系统全局的运行状态，非常适合作为接手服务器后执行的第一条命令。

使用权限：所有使用者。

使用方式：

top[选项]

选项：

d：改变显示的更新速度，或是在交谈式指令列（interactive command）按 s。

q：没有任何延迟的显示速度，如果使用者有 superuser 权限，则 top 将会以最高的优先次序执行。

c：切换显示模式，共有两种模式，一是只显示执行档的名称，另一种是显示完整的路径与名称。

S：累积模式，会将已完成或消失的子行程（dead child process）的 CPU time 累积起来。

s：安全模式，将交谈式指令取消，避免潜在的危机。

i：不显示任何闲置（idle）或无用（zombie）的行程。

n：更新的次数，完成后将会退出 top。

b：批次档模式，搭配"n"参数一起使用，可以用来将 top 的结果输出到档案内。

范例：

[root@lhy ~]#top -n 10   //显示更新 10 次后退出
[root@lhy ~]#top -s   //使用者将不能利用交谈式指令来对行程下命令
[root@lhy ~]#top -n 2 -b<t.log   //将更新两次的结果输入名称为 t.log 的文件

3. kill 命令

kill 命令的功能是杀死（结束）进程，与英文单词的含义相同。Linux 系统中如需结束某个进程，既可以使用如 service 或 systemctl 的管理命令来结束服务，也可以使用 kill 命令直接结束进程信息。

如使用 kill 命令后进程并没有被结束，则可以使用信号 9 强制杀死动作。

使用权限：所有使用者。

使用方式：

kill [选项] 进程号

选项：

-s(signal)：其中可用的信号有 HUP(1)、KILL(9)、TERM(15)，分别代表重跑、砍掉、结束；详细的信号可以用 kill -l。

-p：印出 pid，并不送出信号。

-l（signal）：列出所有可用的信号名称。

范例:

```
[root@ lhy ~]#kill  724              //将 pid 为 724 的行程砍掉(kill)
[root@ lhy ~]#kill -9 724              //将 pid 为 572 的行程重跑(restart)
```

2.2.6 其他系统命令

1. clear 命令

clear 命令用于清除屏幕。这个命令将会刷新屏幕,本质上只是让终端显示页向后翻了一页,如果向上滚动屏幕,还可以看到之前的操作信息。

使用权限:所有使用者。

使用方法:

```
clear[选项]
```

范例:

```
[root@ lhy ~]#clear              //清除屏幕信息
```

2. date 命令

date 命令来自英文单词的时间、时钟,其功能是显示或设置系统日期与时间信息。运维人员可以根据想要的格式来输出系统时间信息。时间格式 MMDDhhmm[CC][YY][.ss] 中,MM 为月份,DD 为日,hh 为小时,mm 为分钟,CC 为年份前两位数字,YY 为年份后两位数字,ss 为秒数。

使用权限:所有使用者。

使用方式:

```
date [选项] [ +输出形式]
```

选项:

- d datestr:显示 datestr 中所设定的时间(非系统时间)。

- s datestr:将系统时间设为 datestr 中所设定的时间。

- u:显示目前的格林尼治时间。

-- help:显示帮助信息。

-- version:显示版本编号。

范例:

```
[root@ lhy ~]#date +%T%n%D              //显示时间后,换行再显示目前日期
[root@ lhy ~]#date +%B %d              //显示月份与日数
[root@ lhy ~]# date "%H:%M:%S"          //按照"时:分:秒"的格式输出系统当前时间
[root@ lhy ~]#date - s "20221101 8:30:00"    //设置当前系统为指定的日期和时间
```

3. cal 命令

cal 命令来自英文单词 Calendar 的缩写,中文译为日历,其功能是显示系统月历与日期信息。若只有一个参数,则代表年份(1~9999),显示该年的年历。

使用权限:所有使用者。

使用方式:

cal[选项]

选项：

-l：单月份输出日历。

-3：显示最近三个月的日历（上个月、当前月、下个月）。

-s：将星期天作为月的第一天。

-m：以星期一为每周的第一天方式显示。

-j：以凯撒历显示，即以 1 月 1 日起的天数显示。

-y：显示今年年历。

范例：

```
[root@ lhy ~]# cal                    //显示当前月份及对应日期
        二月 2023
日 一 二 三 四 五 六
            1  2  3  4
 5  6  7  8  9 10 11
12 13 14 15 16 17 18
19 20 21 22 23 24 25
26 27 28
[root@ lhy ~]#cal 7 2025              //显示指定的月历信息,如2024 年 5 月
        七月 2025
日 一 二 三 四 五 六
    1  2  3  4  5
 6  7  8  9 10 11 12
13 14 15 16 17 18 19
20 21 22 23 24 25 26
27 28 29 30 31
[root@ lhy ~]#cal -3                  //显示最近 3 个月的日历
      一月 2023                二月 2023                三月 2023
日 一 二 三 四 五 六  日 一 二 三 四 五 六  日 一 二 三 四 五 六
 1  2  3  4  5  6  7            1  2  3  4            1  2  3  4
 8  9 10 11 12 13 14   5  6  7  8  9 10 11   5  6  7  8  9 10 11
15 16 17 18 19 20 21  12 13 14 15 16 17 18  12 13 14 15 16 17 18
22 23 24 25 26 27 28  19 20 21 22 23 24 25  19 20 21 22 23 24 25
29 30 31              26 27 28              26 27 28 29 30 31
```

4. sleep 命令

sleep 命令的功能是延迟当前命令的执行，达到所设置的时间后才会执行后续工作。

使用权限：所有使用者。

使用方式：

sleep[选项]

选项：

--help：显示辅助信息。

－－version：显示版本编号。

number：时间长度，后面可接 s、m、h 或 d。

＜数字＞s：秒数。

＜数字＞m：分钟。

＜数字＞h：小时。

＜数字＞d：日期。

范例：

```
[root@ lhy ~]#sleep 3m                 //设定终端界面休眠 3 分钟
[root@ lhy ~]#date ;sleep 1m ;date     /* 查看当前系统时间,随后休眠 1 分钟,再次显示
系统时间*/
```

5. crontab 命令

在 Linux 系统中，crond 是一个定时计划任务服务，用户只要能够按照正确的格式（分、时、日、月、星期、命令）写入配置文件中，那么就会按照预定的周期时间自动地执行下去，而 crontab 命令则是用于配置的工具名称。

使用权限：所有使用者。

使用方式：

```
crontab[选项]
```

选项：

－e：编辑任务。

－l：列出任务。

－r：删除任务。

－u：指定用户名字。

－－help：显示帮助信息。

```
[root@ lhy ~]#crontab -e        //管理当前用户的计划任务
[root@ lhy ~]#crontab -e -u     //管理指定用户的计划任务
[root@ lhy ~]#crontab -l        //查看当前用户的已有计划任务列表
```

6. time 命令

time 命令的用途，在于量测特定指令执行时所需消耗的时间及系统资源等消息，例如 CPU 时间、记忆体、输入输出等。需要特别注意的是，部分消息在 Linux 上显示不出来。这是因为在 Linux 上部分资源的分配函式与 time 指令所预设的方式并不相同，以至于 time 指令无法取得这些资料。

使用权限：所有使用者。

使用方式：

```
time[选项][命令]
```

选项：

－o：设定结果输出档。这个选项会将 time 的输出写入所指定的档案中。

－a：配合 －o 使用，会将结果写到档案的末端，而不会覆盖掉原来的内容。

－f　FORMAT：以 FORMAT 字串设定显示方式。

范例：

```
[root@ lhy ~]#time cal          //显示命令 cal 的时间统计结果
```

7. uptime 命令

uptime 命令的功能是查看系统负载。其是 Linux 系统中最常用的命令之一。使用 uptime 命令能够显示系统已经运行了多长时间、当前登录用户数量，以及过去 1 分钟、5 分钟、15 分钟内的负载信息。用法十分简单，一般不需要加参数，直接输入 uptime 即可。

使用权限：所有使用者。

使用方式：

```
uptime[选项]
```

选项：

 -p：以更易读的形式显示系统已运行时间。

 -s：显示本次系统的开机时间。

 -h：显示帮助信息。

范例：

```
[root@ lhy ~]#uptime            //查看当前系统负载及相关信息
[root@ lhy ~]#uptime -p         //以更易读的形式显示系统已运行时间
[root@ lhy ~]#uptime -s         //显示本次系统的开机时间
```

8. finger 命令

finger 命令会去寻找并显示指定账号的用户相关信息，本地与远程主机的用户皆可，账号名称有大小写的差别。单独执行 finger 命令，它会显示本地主机现在所有用户的登录信息，包括账号名称、真实名称、登录终端、空闲时间、登录时间，以及地址和电话。

使用权限：所有使用者。

使用方式：

```
finger[选项]
```

说明：finger 可以让使用者查询一些其他使用者的资料。会列出来的资料有：

```
Login Name
User Name
Home directory
Shell
Login status
mail status
.plan
.project
.forward
```

选项：

 -l：列出该用户的账号名称、真实姓名、用户根目录、登录所用的 Shell、登录时间、邮件地址、电子邮件状态等。

 -m：排除查找用户的真实姓名。

－s：列出该用户的账号名称、真实姓名、登录终端机、闲置时间、登录时间以及地址和电话。

－p：列出该用户的账号名称、真实姓名、用户专属目录、登录所用的 Shell、登录时间、转信地址、电子邮件状态，但不显示该用户的计划文件和方案文件内容。

范例：

```
[root@ lhy ~]#finger -l            //列出当前登录用户的相关信息
[root@ lhy ~]#finger root           //查询本机管理员的资料
[root@ lhy ~]#finger -m root@192.168.1.13    //显示远程用户信息
```

9. last 命令

last 命令的功能是显示用户历史登录情况。通过查看系统记录的日志文件内容，管理员可以获知谁曾经或者试图连接过服务器。

通过读取系统登录历史日志文件（/var/log/wtmp），并按照用户名、登录终端、来源终端、时间等信息进行划分，让用户对系统历史登录情况一目了然。

使用权限：所有使用者。

使用方式：

```
last[选项]
```

选项：

－n：显示行数。

－a：将来源终端信息项放到最后。

－R：省略来源终端。

－d：将 IP 地址转换成主机名称。

－f：指定记录文件。

－x：显示系统开关机等信息。

范例：

```
[root@ lhy ~]#last              //显示近期用户或终端的历史登录情况
[root@ lhy ~]#last -n 3 -R        //仅显示最近 3 条历史登录情况,不显示来源终端信息
[root@ lhy ~]#last -x -a          //显示系统的开关机历史信息,并将来源终端放到最后
```

10. history 命令

命令 history 来自英文单词"历史"，其功能是显示与管理历史命令记录。Linux 系统默认会记录用户执行过的所有命令，可以使用 history 命令查阅，也可以对其记录进行修改和删除操作。

使用权限：所有使用者。

语法格式：

```
history[选项]
```

选项：

－a：写入命令记录。

－c：清空命令记录。

－d：删除指定序号的命令记录。

-n：读取命令记录。

-r：读取命令记录到缓冲区。

-s：将指定的命令添加到缓冲区。

-w：将缓冲区信息写入历史文件。

范例：

```
[root@ lhy ~]#history              //显示当前终端运行过的命令历史
    1  ps-A
    2  ps-aux
    3  date+%T%n%D
    4  date
    5  cal
    6  cal 2 2025
    7  cal 7 2025
    8  cal-3
    9  crontab-1
[root@ lhy ~]#history 3            //显示当前终端最近运行的 3 条命令
    9  crontab-1
   10  history
   11  history 3
```

2.2.7 提高工作效率的方法

Linux 中的命令繁杂，并伴随大量的选项和参数，导致最终的命令非常冗长。为了便于记忆，并提高执行效率，有一些有效的方法可以提供帮助。

1. 命令补全

在 Linux 命令行中，Tab 键接在一串命令的第一个字段后面，则为命令补全；若输入 mk 后按两下 Tab 键，则会把所有以 mk 开头的命令都显示出来；若输入 ifc，因为其对应的命令只有 ifconfig，所以按一下 Tab 键，会自动补全。

```
[root@ lhy ~]# mk【Tab】
mkafmmapmkfontdir      mkfs.minix         mklost+found
mkdict         mkfontscale      mkfs.msdos        mkmanifest
mkdir          mkfs             mkfs.vfat         mknod
mkdosfs        mkfs.cramfs      mkfs.xfs          mkrfc2734
mkdumprd       mkfs.ext2        mkhomedir_helper  mksquashfs
mke2fs         mkfs.ext3        mkhybrid          mkswap
mkfadumprd     mkfs.ext4        mkinitrd          mktemp
mkfifo         mkfs.fat         mkisofs
[root@ lhy ~]# if              //输入 if 后按下 Tab 键,会显示所有以 if 开头的命令
if        ifconfig   ifenslave  ifstat
[root@ lhy ~]# ifconfig        //输入 ifc 后按下 Tab 键,会补全完整命令
```

此外，Tab 键还可以补全目录名称，尤其是目录名称较长、较复杂的情况下，该键不仅可以提高录入效率，还可以帮助使用者校正已经录入的内容，因为如果已经录入的部分出现

拼写错误，按 Tab 键是无法补全后面内容的。长文件名在 Linux 操作系统中非常常见，录入时很容易出错，因此建议使用者借助 Tab 键提高工作效率。

```
[root@ lhy ~]# cat  /etc/sysconfig/network - scripts/ifcfg - ens160
```
　　　　　　　　　　　　　　　　　　　//借助 Tab 键能快速、正确完成文件名的录入

2. 命令行清除命令

在录入命令时，经常会遇到各种情况而要取消当前录入的命令，这时可以使用 Ctrl + U 组合键快速清除命令，而不需要长按 Backspace 键。

3. 命令历史快速执行

前面介绍了使用 history 命令可以查看已经运行过的命令，而使用 "！编号" 的命令格式，则可快速执行历史命令。如：

```
[root@ lhy ~]#history            //显示当前终端运行过的命令历史
    1  ps - A
    2  ps - aux
    3  date +%T%n%D
    4  date
    5  cal
    6  cal 2 2025
    7  cal 7 2025
    8  cal -3
    9  crontab - l
[root@ lhy ~]#! 4
2023 年 02 月 06 日 星期一 11:54:26 CST
```

4. 快速登出

在 1.3.4 节中介绍了图形界面下的虚拟控制台，切换登录者身份时，可以按下 Ctrl + D 组合键，它是一个特殊的二进制值，表示 EOF，作用相当于在终端中输入 exit 后按 Enter 键。

此外，Ctrl + D 组合键还可以在 cat 命令配合重定向 "＞" 创建文件时使用，作用是结束编辑。例如：

```
[root@ lhy ~]#cat > hello. py          //创建一个名为 hello. py 的 Python 文件
print("Hello,World!")
【ctrl + d】
```

5. 进程的中断和暂停

Linux 内核通过进程对任务进行管理，在终端界面启动一个进程后，使用 Ctrl + Z 组合键和 Ctrl + C 组合键都可以退出进程，返回到终端界面。区别在于：

✓　Ctrl + C 组合键中断了进程，返回终端界面。

✓　Ctrl + Z 组合键暂停了进程，返回终端界面。如果将终端比作前台，将终端背后所看不到的系统比作后台，Ctrl + Z 组合键将进程暂停并挂在了后台，使用户可以继续查看和操作前台终端。

```
[root@lhy ~]# cat >file              //创建文件 file 并等待录入
^C                                   //按下 Ctrl+C 组合键中止运行
[root@lhy ~]# ps                     //查看不到 cat 进程,表示已经结束
    PID TTY          TIME CMD
  11517 pts/0     00:00:00 bash
  11573 pts/0     00:00:00 ps
[root@lhy ~]# cat >file              //再次创建文件 file 并等待录入
^Z                                   //按下 Ctrl+Z 组合键暂停 cat 命令
[1]+  已停止              cat >file
[root@lhy ~]# ps                     //查看到 cat 进程,表示进程被挂起
    PID TTY          TIME CMD
  11517 pts/0     00:00:00 bash
  11580 pts/0     00:00:00 cat
  11590 pts/0     00:00:00 ps
```

任务2　vim 编辑器的使用

任务目标

系统管理员的一项重要工作就是修改与设置某些重要软件的配置文件,因此系统管理员至少要学会使用一种以上的文字接口文本编辑器。所有的 Linux 发行版都内置有 vim 编辑器,因此,vim 编辑器理所当然地成为初学者的首选 Linux 操作系统下的编辑工具。

2.3　知识链接:vim 编辑器基础

2.3.1　vim 概述

Linux 操作系统下有众多文本编辑器,vim 是其中最具代表性的,也是初学者必学的一个文本编辑器。vim 是 vi 编辑器的增强版,其英文全称是 visual interface improved。由于其良好的可操作性和显著优点,在程序员中被广泛使用,和 Emacs 并列成为类 UNIX 系统用户最喜欢的文本编辑器。

vim 的设计理念是命令的组合。vim 有许多有用的功能,可以与现代文本编辑器竞争,如 Sublime Text、Atom、UltraEdit 或 jEdit。它们包括支持正则表达式的搜索、轻松重复命令的能力、直接记录和执行宏、自动完成、文件合并、鼠标集成、拼写检查、语法突出显示、分支撤销/重做历史、支持流行网络协议和文件存档格式等。如果使用者学习了各种各样的文本间移动/跳转的命令和其他普通模式的编辑命令,并且能够灵活组合使用,能够比那些没有模式的编辑器更加高效地进行文本编辑。

2.3.2　vim 编辑器的模式

vim 编辑器有 3 种基本工作模式:命令模式、输入模式和末行模式,如图 2-5 所示。用 vim 打开一个文件后,便处于命令模式。利用 i、a 或 o 键等可以进入输入模式,也可以称

为编辑模式，等待从键盘录入，此时按下 Esc 键可以退回命令模式；在命令模式下按：键可以进入末行模式，当执行完命令或按下 Esc 键后，可以回到命令模式。

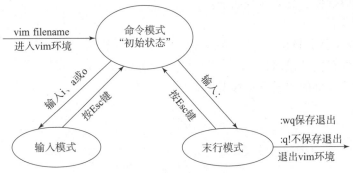

图 2-5 vim 的 3 种工作模式的转换

命令模式：控制光标移动，可对文本进行复制、粘贴、删除和查找等操作。

输入模式：正常的文本录入，也可以称为"编辑模式"。

末行模式：保存或退出文档，以及设置编辑环境。

2.4 任务实施：vim 编辑器常用操作

2.4.1 vim 编辑器的启动与退出

在虚拟控制台的命令提示符下，输入 vim 及文件名称后，就会进入 vim 全屏幕编辑画面，如果是新文件，则打开软件的同时生成新文件；否则，便会编辑已经存在的文件。如：

```
[root@lhy ~]#vim ss.txt
```

这时 vim 处于接收命令行的命令状态，只有切换到输入模式，才能够输入文字，如图 2-6

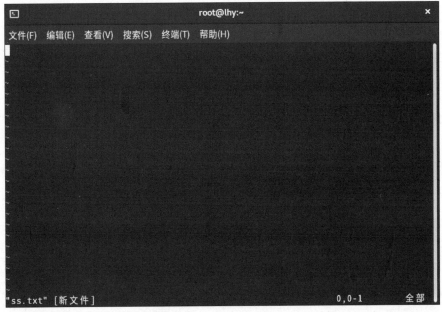

图 2-6 vim 的命令模式

所示。初次使用 vim 的人会发现，使用上、下、左、右键移动光标是不可行的，此时可以参考图 2 - 5，按下对应键切换到编辑模式后录入文件内容，也可以按下：键切换到末行模式后对文件进行相应操作，具体命令如下：

:w——保存文件；

:wq——保存文件并退出；

:q!——不保存文件退出；

:q——未修改文件的情况下直接退出。

2.4.2 光标移动操作

1. 光标移动和翻页操作（表 2 - 2）

表 2 - 2 光标移动和翻页操作

操作类型	光标操作键	功能
光标移动	h	向左移动光标
	l	向右移动光标
	k	向上移动光标
	j	向下移动光标
翻页	PgUp	向前翻整页
	PgDn	向后翻整页
	Ctrl + u	向前翻半页
	Ctrl + d	向后翻半页

2. 行内快速跳转（表 2 - 3）

表 2 - 3 行内快速跳转

操作键	功能
^	将光标快速跳转到本行的行首字符
$	将光标快速跳转到本行的行尾字符
w	将光标快速跳转到当前光标所在位置的后一个单词的首字母
b	将光标快速跳转到当前光标所在位置的前一个单词的首字母
e	将光标快速跳转到当前光标所在位置的后一个单词的尾字母

3. 文件内行间快速跳转（表 2 - 4）

表 2 - 4 文件内行间快速跳转

命令	功能
:set nu	在编辑器中显示行号
:set nonu	取消编辑器中的行号显示
1G	跳转到文件的首行

续表

命令	功能
G	跳转到文件的末尾行
#G	跳转到文件中的第 n 行，"#" 可替换为数字

2.4.3　编辑操作

1. 进入输入模式（表 2－5）

表 2－5　进入输入模式

命令	功能
i	在当前光标处进入插入状态
a	在当前光标后进入插入状态
A	将光标移动到当前行的行末，并进入插入状态
o	在当前行的下面插入新行，光标移动到新行的行首，进入插入状态
O	在当前行的上面插入新行，光标移动到新行的行首，进入插入状态
cw	删除当前光标到所在单词尾部的字符，并进入插入状态
c$	删除当前光标到行尾的字符，并进入插入状态
c^	命令删除当前光标之前（不包括光标上的字符）到行首的字符，并进入插入状态

2. 删除操作（表 2－6）

表 2－6　删除操作

命令	功能
x	删除光标处的单个字符
dd	删除光标所在行
#dd	删除以光标所在行开始的多行，"#" 可替换为数字
dw	删除当前字符到单词尾（包括空格）的所有字符
de	删除当前字符到单词尾（不包括单词尾部的空格）的所有字符
d$	删除当前字符到行尾的所有字符
d^	删除当前字符到行首的所有字符
J	删除光标所在行行尾的换行符，相当于合并当前行和下一行的内容

3. 撤销操作（表 2－7）

表 2－7　撤销操作

命令	功能
u	取消最近一次的操作，并恢复操作结果。可以多次使用 u 命令恢复已进行的多步操作

命令	功能
U	取消对当前行进行的所有操作
Ctrl + r	对使用 u 命令撤销的操作进行恢复

4. 复制与粘贴操作（表 2 – 8）

表 2 – 8　复制与粘贴操作

命令	功能
yy	复制当前行整行的内容到 vim 缓冲区
#yy	复制当前行开始的多行内容到 vim 缓冲区，"#"可替换为数字
yw	复制当前光标至单词尾字符的内容到 vim 缓冲区
y $	复制当前光标至行尾的内容到 vim 缓冲区
y^	复制当前光标至行首的内容到 vim 缓冲区
p	读取 vim 缓冲区中的内容，并粘贴到光标当前的位置（不覆盖文件已有的内容）

2.4.4　查找与替换操作

1. 字符串查找操作（表 2 – 9）

表 2 – 9　字符串查找操作

命令	功能
/word	从上而下在文件中查找字符串"word"
? word	从下而上在文件中查找字符串"word"
n	定位下一个匹配的被查找字符串
N	定位上一个匹配的被查找字符串

2. 字符串替换操作（表 2 – 10）

表 2 – 10　字符串替换操作

命令	功能
:s/old/new	将当前行中查找到的第一个字符"old"串替换为"new"
:s/old/new/g	将当前行中查找到的所有字符串"old"替换为"new"
:#,#s/old/new/g	在行号"#, #"范围内替换所有的字符串"old"为"new"
:% s/old/new/g	在整个文件范围内替换所有的字符串"old"为"new"
:s/old/new/c	在替换命令末尾加入 c 命令，将对每个替换动作提示用户进行确认

2.4.5　vim 编辑器的在线帮助

在 vim 里，按 F1 键就可以访问该文件，在末行模式下使用":help"命令也可以。

【课后习题】

1. 下面关于 Shell 的说法，不正确的是（   ）。

A. 操作系统的外壳   B. 用户与 Linux 内核之间的接口

C. 一种和 C 类似的高级程序设计语言   D. 一个命令语言解释器

2. 比较重要的系统配置资料，一般来说，大部分位于（   ）目录下，如果是进行升级安装，最好先备份。

A. /boot   B. /etc   C. /home   D. /usr

3. 在 Linux 系统中，硬件设备大部分是安装在（   ）目录下的。

A. /mnt   B. /dev   C. /proc   D. /swap

4. 下列（   ）标识不属于 Linux 的文件类型。

A. d   B. b   C. –   D. f

5. Linux 文件权限一共 10 位长度，分成四段，第四段表示的内容是（   ）。

A. 文件类型   B. 文件所有者的权限

C. 文件所有者所在组的权限   D. 其他用户的权限

6. 按下（   ）键能终止当前运行的命令。

A. Ctrl + C   B. Ctrl + F   C. Ctrl + B   D. Ctrl + D

7. bash 是指一种（   ）。

A. asp   B. batch command   C. cgi   D. shell

8. 如果要列出一个目录下的所有文件，需要使用命令（   ）。

A. ls   B. ls – a   C. ls – l   D. ls – d

9. 使用 rm – i 命令时，系统会提示（   ）。

A. 命令行的每个选项   B. 文件的位置

C. 是否有写的权限   D. 是否真的删除

10. 把当前目录下的 file1. txt 复制为 file2. txt 的正确命令是（   ）。

A. copy   file1. txt   file2. txt   B. cp   file1. txt | file2. txt

C. cp   file2. txt   file1. txt   D. cat   file1. txt   >   file2. txt

11. 删除一个非空子目录/tmp 的命令是（   ）。

A. del/tmp/ *   B. rm – rf/tmp   C. rm – ra/tmp/ *   D. rm rf/tmp/ *

12. 在使用 mkdir 命令创建新的目录时，在其父目录不存在时，先创建父目录的选项是（   ）。

A. – m   B. – f   C. – p   D. – d

13. 普通用户执行以下命令的结果是（   ）。

ls   – l/root >/tmp/root. ls

A. 显示/root 目录和/tmp/root. ls 文件的详细列表

B. 显示/root 目录的详细列表，并重定向输出到/tmp/root. ls 文件

C. 报告错误信息

D. 将/root 目录的详细列表信息重定向输出到/tmp/root. ls 文件，并将错误信息显示在屏幕上

14. 在 Linux 中，要查看文件内容，可使用（　　）命令。

A. more   B. cd   C. login   D. logout

15. 已知某用户 stud1，其用户目录为/home/stud1。如果当前目录为/home，进入目录
/home/stud1/test 的命令是（　　）。

A. cd/stud1/test B. cd test   C. cd stud1/test D. cd home

16. 用 ls－al 命令列出下面的文件列表，（　　）是符号连接文件。

A. －rw－－－－－－2 hel－s users 56 Sep 09 11：05 hello

B. －rw－－－－－－2 hel－s users 56 Sep 09 11：05 goodbey

C. drwx－－－－－1 hel users 1024 Sep 10 08：10 zhang

D. lrwx－－－－－1 hel users 2024 Sep 12 08：12 cheng

17. 对于 mv 命令的描述，正确的是（　　）。

A. mv 命令可以用来移动文件，也可以用来改变文件名

B. mv 命令只能用于移动文件

C. mv 命令用于改变文件名

D. mv 命令可以用于复制文件

18. （　　）命令可以回到当前用户主目录。

A. cd．．和 cd   B. cd 和 cd ~   C. cd－和 cd/   D. cd ~和 cd．

19. 键入"cd"命令并按 Enter 键后，将（　　）。

A. 从当前目录切换到根目录   B. 屏幕显示当前目录

C. 从当前目录切换到用户主目录   D. 从当前目录切换为上一级目录

20. 为了统计一个文件有多少行，可以在 wc 命令中使用（　　）。

A. －w   B. －c   C. －l   D. －ln

21. clear 命令的作用是（　　）。

A. 清除终端窗口 B. 关闭终端窗口 C. 打开终端窗口 D. 调整窗口大小

22. 如果使用 ln 命令，将生成一个指向文件 old 的符号链接 new，如果将文件 old 删除，
是否还能够访问文件中的数据？（　　）

A. 不可能再访问   B. 仍然可以访问

C. 能否访问取决于 file2 的所有者   D. 能否访问取决于 file2 的权限

23. 用 ls－al 命令列出下面的文件列表，（　　）文件是目录文件。

A. －rw－rw－rw－2 hel－s users 56 Sep 09 11:05 hello

B. －rwxrwxrwx 2 hel－s users 56 Sep 09 11:05 goodbey

C. lrwxr－－r－－1 hel users 2024 Sep 12 08:12 cheng

D. drwxr－－r－－1 hel users 1024 Sep 10 08:10 zhang

24. cat＞sales. txt 命令创建文件后，下面的描述正确的是（　　）。

A. 按 Ctrl＋C 组合键结束文件编辑

B. 按 Ctrl＋D 组合键结束文件编辑

C. 再次输入 cat＞sales. txt 命令可在文件尾部追加内容

D. cat＞＞sales. txt 命令会覆盖文件内容

25. 下列指令不可以用来显示文档的内容的是（　　）。

A. tail　　　　　　　B. vi　　　　　　　C. ps　　　　　　　D. cat

26. 以下不属于 vim 的 3 种工作模式的是（　　）。

A. 末行模式　　　　　B. 编辑模式　　　　C. 替换模式　　　　D. 命令模式

27. 在 vim 中存盘退出的命令是（　　）。

A. :q　　　　　　　B. :q!　　　　　　C. :wq　　　　　　D. :exit

28. 在 vim 中用于删除一行记录的方法是（　　）。

A. dd　　　　　　　B. dv　　　　　　　C. :s　　　　　　　D. del

29. 在 vim 中，（　　）命令可将当前内容复制到剪贴板。

A. c　　　　　　　　B. dd　　　　　　　C. yy　　　　　　　D. p

30. 在 vim 中，将当前文档中的所有 user 替换为 tmp 的方法是（　　）。

A. :%s/user/tmp/g　　B. :/user/tmp/g　　C. :/user/tmp　　D. :s/user/tmp/g

31. 在 vim 中，显示行号的命令是（　　）。

A. :set nu　　　　　B. :set all　　　　C. :set term　　　D. set mesg

32. 使用命令 vi/etc/inittab 查看该文件的内容，如果不小心改动了一些内容，为了防止系统出问题，不想保存所修改内容，应该（　　）。

A. 在命令状态下输入“:wq”　　　　　　B. 在命令状态下输入“:q!”

C. 在命令状态下输入“:x!”　　　　　　D. 在编辑状态下按 Esc 键直接退出 vi

项目三
用户与组的权限管理

知识目标

1. 了解 Linux 中的用户和组的分类。
2. 了解用户登录 Linux 系统的过程。
3. 熟悉 Linux 中用户和用户组的配置文件。
4. 熟悉 Linux 中文件和目录的权限类型。
5. 掌握用户与组的管理方法。
6. 掌握文件和目录的权限设置方法。

技能目标

1. 会添加新用户和组并设置密码。
2. 会设置用户、用户组的属性并删除用户及组。
3. 会编辑组中的用户成员。
4. 能设置文件和目录的权限。
5. 能修改文件和目录的属主及属组。
6. 会设置新建文件或目录的默认权限。

素养目标

能够按照职业规范完成任务实施。

项目介绍

Linux 操作系统是一个多用户的操作系统,它允许多个用户同时登录到系统上使用系统资源。系统根据账户来区分每个用户的文件、进程、任务,给每个用户提供特定的工作环境,使每个用户的工作都能独立、不受干扰地进行。任何一个系统资源的使用者,都必须首先向系统管理员申请一个用户账号,每个用户账号都拥有唯一的用户名和相应的密码。用户在登录时,只有键入正确的用户名和密码后才能进入系统。

对用户(组)的管理工作主要涉及用户(组)账号的添加、修改和删除,用户(组)

密码的管理以及为用户（组）配置访问系统资源的权限。这些工作是网络管理员日常最基本的工作任务，也是构建系统安全最基本的保障。

任务1 用户与组的管理

任务目标

网络管理员经过不断的学习与实践，已经能够胜任 Linux 系统日常的管理维护工作。但是 Linux 作为一个多用户多任务操作系统，可以在系统上创建多个用户，并允许这些用户同时登录到系统去执行不同的任务，有可能影响到服务器是否可以正常运行。因此，用户和组的管理也是系统管理员必须要掌握的重要工作。

3.1 知识链接：用户与组的概述

3.1.1 Linux 用户和用户组的概念

Linux 是一个多用户多任务操作系统。与 Windows 类似，Linux 操作系统中也有用户与组的概念。作为一种多用户操作系统，Linux 系统支持多个用户同时登录到系统上，不同用户可以执行不同的任务，并且互不影响。每一个进程在执行时，也会有对应的用户身份，该用户也和进程所能控制的资源有关。Linux 系统下的每一个目录、文件都会有其所属的用户和用户组，我们称其为属主和属组。

1. 用户的概念

Linux 是真正意义上的多用户操作系统，所以在 Linux 系统中可以创建若干个用户（user）。如果要使用系统资源，就必须向系统管理员申请一个账户，然后通过该账户进入系统。该账户和用户是一个概念，通过建立不同属性的用户，一方面，可以合理地利用和控制系统资源；另一方面，可以帮助用户组织文件，提供对用户文件的安全性保护。每个用户都有唯一的账号和密码，只有正确输入了账号密码，才能登录系统并进入自家目录。管理员账户（超级用户）对系统具有绝对的控制权，能够对系统进行一切操作。

2. 用户组的概念

用户组是具有相同特征用户的逻辑集合体。简单地理解，有时我们需要让多个用户具有相同的权限，比如查看、修改某一个文件的权限，一种方法是分别对多个用户进行文件访问授权，如果有 10 个用户，就需要授权 10 次，那如果有 100、1 000 甚至更多的用户呢？显然，这种方法不太合理。最好的方式是建立一个组，让这个组具有查看、修改此文件的权限，然后将所有需要访问此文件的用户放入这个组中。那么，所有用户就具有了和组一样的权限，这就是用户组。

在 Linux 系统中，每个用户都有自己的用户 ID，称为 UID，每个用户组也有自己的用户组 ID，称为 GID，UID 和 GID 在 Linux 系统中是独立而又唯一的，即 UID 和 GID 采用两套编码系统，每个用户或组都有唯一的编号。Linux 系统就是通过 UID 和 GID 来对用户和组进行管理的，而对于管理员来说，往往会设置用户名和组名，这样使用户和用户组的使用管理更人性化。

3.1.2 用户与组的配置文件

Linux 操作系统下与用户和组相关的主要有 4 个配置文件，均保存在/etc 目录下，下面分别介绍如下：

- /etc/passwd

/etc/passwd 文件中保存了 Linux 操作系统下所有的账户信息，每条记录对应一个用户，每条记录之间用冒号分隔，共七个字段，见表 3 - 1。

表 3 - 1　/etc/passwd 文件字段含义

字段	说明
用户名	用户名
密码	在此文件中的密码是 x，这表示用户的密码是被/etc/shadow 文件保护的
UID	用户的识别号，是一个数字。每个用户的 UID 都是唯一的
GID	用户的组的识别号，也是一个数字。每个用户账户在建立好后都会有一个主组。主组相同的账户，其 GID 相同
详情	用户的个人资料，包括地址、电话等信息
宿主目录	用户的主目录，通常在/home 下，目录名和账户名相同
登录 Shell	用户登录后启动的 Shell，默认是/bin/bash

例如，当查看/etc/passwd 文件时，看到第一条记录，如图 3 - 1 所示。

图 3 - 1　用户记录

同理，对于用户 li 来说，其记录如下：

```
li:x:1000:1000:Huiying Li:/home/li:/bin/bash
```

表示用户 li，密码被加密保存在/etc/shadow 文件中，因此显示为"x"。由于是系统第一个普通用户，其 UID 与 GID 均为 1 000。用户的全名为 Huiying Li。宿主目录保存在/home/li 下。用户默认登录 Shell 为 bash。

- /etc/shadow

由于所有用户对/etc/passwd 文件均有读取权限，为了增强系统的安全性，经过加密之后的用户密码都存放在/etc/shadow 文件中，此文件只对管理员用户可读，其文件的内容见表 3 - 2。

表 3 - 2 /etc/shadow 文件字段含义

字段	说明
用户名	用户登录名
密码	用户的密码；是加密过的（MDS）
最后一次修改的时间	从 1970 年 1 月 1 日起，到用户最后一次更改密码的天数
最小时间间隔	从 1970 年 1 月 1 日起，到用户应该更改密码的天数
最大时间间隔	从 1970 年 1 月 1 日起，到用户必须更改密码的天数
警告时间	在用户密码过期之前多少天提醒用户更新
不活动时间	在用户密码过期之后到禁用账户的天数
失效时间	从 1970 年 1 月 1 日起，到账户被禁用的天数
标志	保留位

例如，li 用户在/etc/shadow 文件中对应的记录是：

```
li:    $    6    $    Q9I2cJnr9Ick914c    $    FqmtfqdYkAfVepT63/vDgVY8zEB/
1YSas4ijXH8c2C4d7xdwI T/rXqt8C9NoZmodT8b6WExr81zhFmOLJku5a0:19425:0:99999:7:::
```

表示 li 用户密码已加密，最后一次修改用户信息的时间距 1970 年 1 月 1 日已经过了 19 425 天，"0:99999" 表示未强制要求修改密码，"7" 则表示密码到期前 7 天提示用户更新，后面连续的冒号表示未做设置。

- /etc/group

/etc/group 文件是用户组配置文件，即用户组的所有信息都存放在此文件中，每一行各代表一个用户组。此文件是记录组 ID（GID）和组名相对应的文件。前面讲过，/etc/passwd 文件中每行用户信息的第四个字段记录的是用户的初始组 ID，这个组 ID 对应的组名需要到 /etc/group 文件中查看。文件中用 ":" 分隔各个字段，对应字段的含义见表 3 - 3。

表 3 - 3 /etc/group 文件字段含义

字段	说明
组名	这是用户登录系统时的默认组名，它在系统中是唯一的
密码	组密码，由于安全性原因，已不使用该字段保存密码，用 "×" 占位
组 ID	是一个整数，系统内部用它来标识组
组内用户列表	属于该组的所有用户名表，列表中多个用户间用 "," 分隔

例如，li 用户在/etc/group 文件中对应的记录是：

```
li:x:1000:
```

此前曾创建 li 用户，系统默认生成一个 li 用户组，在此可以看到，此用户组的 GID 为 1 000，目前它仅作为 li 用户的初始组，也是私有组。

- /etc/gshadow

/etc/passwd 文件存储用户基本信息，同时考虑到账户的安全性，将用户的密码信息存放在另一个文件/etc/shadow 中。此处要讲的/etc/gshadow 文件也是如此，用户组信息存储在/etc/group 文件中，而将用户组的密码信息存储在/etc/gshadow 文件中，该文件具体字段含义见表 3 - 4。

表 3 - 4 /etc/gshadow 文件字段含义

字段	说明
组名	组名称，该字段与 group 文件中的组名称对应
加密的组密码	用于保存已加密的密码
组的管理员账号	管理员有权对该组添加删除账号
组内用户列表	属于该组的用户成员列表，列表中多个用户间用","分隔

例如，用户 li 在/etc/gshadow 文件中对应记录是：

```
li:!::
```

li 用户无密码，因为对应位为"!"，此用户无用户组管理员、无组成员。

3.1.3 Linux 系统用户及组的角色划分

Linux 系统中，一共有三种类型的用户，分别如下：

* 系统管理员

Linux 下的系统管理员也就是 root 用户，也可以称为超级用户，是大部分 Linux 操作系统的默认管理员账号，其 UID 为 0，准确地说，应该是 UID 为 0 的用户为系统管理员，至于其用户名，可以通过命令进行修改。深入了解 Linux 系统后，会发现系统管理员拥有最大的权限，如添加/删除用户、启动/关闭服务进程、开启/禁用硬件设备等。因此，很多教程中会建议进入系统时使用普通用户的身份进行登录，以免误操作，从而给系统安全造成不必要的麻烦。

* 系统用户

系统用户也称伪用户，系统预留了 1~999 给系统用户 UID 使用。这类用户是在安装操作系统过程中自动生成的用户，主要作用是运行各种系统进程，从而避免在使用系统管理员运行各种程序时遭到恶意入侵，从而导致系统受到入侵。

* 普通用户

普通用户主要由管理员来创建，此外，也可在安装操作系统时创建。普通用户的 UID 默认从 1 000 开始顺序编号。普通用户的主要作用是处理日常工作。目前，普通用户的 UID 最大可到 65 535。

通过前面知识的学习，我们知道 Linux 操作系统中的用户组可以让用户具有相同的权限，同时也可以这样理解：一个用户可以属于多个群组，并同时拥有这些用户组的权限，这时就要区分初始组和附加组。

* 初始组

初始组也叫主组，或私有组，就是指用户一登录立刻拥有这个用户组的相关权限。每个用户的初始组只能有一个，一般和这个用户的用户名相同的组名作为这个用户的初始组。例如，前面看到的用户 li，在/etc/group 及/etc/gshadow 文件中也看到了同名的组 li，那么用户组 li 就是用户 li 的初始组。

- 附加组

附加组又叫标准组,指用户可以加入多个其他的用户组,并拥有这些组的权限。附加组可以有多个。一般情况下,附加组是单独创建好供后期将用户加入的。

3.1.4 用户和用户组的关系

用户和用户组的对应关系是一对一、一对多、多对一或多对多。

一对一:某个用户可以使某个组的唯一成员。

一对多:多个用户可以是某个唯一的组成员,不归属其他用户组。

多对一:某个用户可以是多个用户组的成员。

多对多:多个用户对应多个用户组,并且几个用户可以是归属相同的组。其实多对多的关系是前面三条的扩展。

3.2 任务实施:用户与组的账户管理

3.2.1 组账号的管理

1. 创建组

创建组和删除组的命令与创建、维护账户的命令相似。创建组可以使用命令 groupadd 或者 addgroup。

使用权限:管理员。

使用方式:

```
groupadd [选项] 组名
```

选项:

-g GID:指定组 ID。

-r:创建系统群组。

范例:

```
[root@lhy ~]#groupadd test                    //创建 test 组
[root@lhy ~]#groupadd -g 1010 office          //创建 GID 为 1010 的 office 组
[root@lhy ~]#groupadd -r sysgroup             //创建系统组 sysgroup
[root@lhy ~]# tail -3 /etc/group
test:x:1001:
office:x:1010:
sysgroup:x:974:
```

2. 修改组

用户组创建以后,根据需要可以对用户组的相关属性进行修改。对用户组属性的修改,是修改用户组的名称和用户组的 GID 值。

使用权限:管理员。

使用方式:

```
groupmod [选项] 组名
```

选项：

-g GID：修改组 ID。

-n 新组名：修改组名。

范例：

```
[root@lhy ~]#groupmod -g 1688 office          //将 office 组的 GID 改为 1688
[root@lhy ~]#groupmod -n testgroup test        //将 test 组名改为 testgroup
[root@lhy ~]# tail -3 /etc/group
office:x:1688:
sysgroup:x:974:
testgroup:x:1001:
```

3. 删除组

若想删除用户组，则使用命令 groupdel。要注意的是，不能使用 groupdel 命令随意删除群组。此命令仅适用于删除那些"不是任何用户初始组"的群组，换句话说，如果有群组还是某用户的初始群组，则无法使用 groupdel 命令成功删除。

使用权限：管理员。

使用方式：

groupmod [选项] 组

范例：

```
[root@lhy ~]# groupdel test              //删除 test 组失败,test 组不存在
groupdel:"test"组不存在
[root@lhy ~]# groupdel testgroup          //删除 testgroup
[root@lhy ~]# groupdel li                //无法删除 li 组,因为其为 li 用户的初始组
groupdel:不能移除用户"li"的主组
```

4. 为组添加用户

gpasswd 是 Linux 下工作组文件/etc/group 和/etc/gshadow 的管理工具，用于将一个用户添加到组或者从组中删除。

使用权限：管理员。

使用方式：

gpasswd [选项] 组名

选项：

-a：添加用户到组。

-d：从组删除用户。

-A：指定管理员。

-M：指定组成员和 -A 的用途差不多。

-r：删除密码。

-R：限制用户登录组，只有组中的成员才可以用 newgrp 加入该组。

范例：

```
[root@ lhy ~]# gpasswd office                    //设置组密码
正在修改 office 组的密码
新密码:
请重新输入新密码:
[root@ lhy ~]#gpasswd -A li office               //将用户 li 设置为 office 组的管理者
[root@ lhy ~]# su li                             //将登录用户切换为 li
[li@ lhy root] $ gpasswd -r office               //以用户 li 的身份删除 office 组的密码
[li@ lhy root] $ exit                            //退出用户 li 的登录状态
exit
[root@ lhy ~]# gpasswd -d li office              //将 li 用户从 office 组中删除
正在将用户"li"从"office"组中删除
[root@ lhy ~]# gpasswd -a li office              /* 将 li 用户以普通用户身份添加到 office
组中*/
正在将用户"li"加入"office"组中
[root@ lhy ~]# tail -1 /etc/group
li:x:1000:1000:Huiying Li:/home/li:/bin/bash
```

5. 切换用户的有效群组

每个用户可以属于一个初始组(用户是这个组的初始用户),也可以属于多个附加组(用户是这个组的附加用户)。既然用户可以属于这么多用户组,那么用户在创建文件后,默认生效的组身份是哪个呢?

当然是初始用户组的组身份生效,因为初始组是用户一旦登录就获得的组身份。也就是说,用户的有效组默认是初始组,因此所创建文件的属组是用户的初始组。那么,既然用户属于多个用户组,能不能改变用户的初始组呢?答案当然是可以。newgrp 命令可以从用户的附加组中选择一个群组,作为用户新的初始组。

使用权限:管理员。

使用方式:

newgrp 组名

范例:

```
[root@ lhy ~]#groupadd sales                     //创建 sales 组
[root@ lihy ~]# useradd -g sales user1           //将 user1 的主组设为 sales
[root@ lihy ~]# useradd -G sales user2           //将 user2 的附加组设为 sales
[root@ lihy ~]# id user1                         //user1 只有一个主组 user1
uid=1008(user1)gid=1001(sales)组=1001(sales)
[root@ lihy ~]# id user2                         //user2 主组为 user2,附加组为 sales
uid=1009(user2)gid=1009(user2)组=1009(user2),1001(sales)
[root@ lihy ~]# su -user2                        //切换 user2 用户身份
[user2@ lihy ~] $ newgrp sales                   //将 user2 的主组和附加组交换
[user2@ lihy ~] $ id
uid=1009(user2)gid=1001(sales)组=1001(sales),1009(user2)
```

3.2.2 用户账号的管理

1. 创建用户

在 Linux 操作系统中，可以使用 useradd 命令新建用户。

使用权限：管理员。

使用方式：

> **useradd** [选项] 用户名

选项：

-u：UID。手工指定用户的 UID，注意 UID 的范围（不要小于 500）。

-d：主目录。手工指定用户的主目录。主目录必须写绝对路径，而且如果需要手工指定主目录，则一定要注意权限。

-c：用户说明。手工指定/etc/passwd 文件中各用户信息中第 5 个字段的描述性内容，可随意配置。

-g：组名。手工指定用户的初始组。一般以和用户名相同的组作为用户的初始组，在创建用户时，会默认建立初始组。一旦手动指定，则系统将不会再创建此默认的初始组目录。

-G：组名。指定用户的附加组。把用户加入其他组，一般都使用附加组。

-s shell：手工指定用户的登录 Shell，默认是/bin/bash。

-e 日期：指定用户的失效日期，格式为"YYYY - MM - DD"。也就是/etc/shadow 文件的第八个字段。

-o：允许创建的用户的 UID 相同。例如，执行"useradd - u 0 - o usertest"命令建立用户 usertest，它的 UID 和 root 用户的 UID 相同，都是 0。

-m：建立用户时强制建立用户的家目录。在建立系统用户时，该选项是默认的。

-r：创建系统用户，也就是 UID 在 1~999 之间，供系统程序使用的用户。由于系统用户主要用于运行系统所需服务的权限配置，因此系统用户的创建默认不会创建主目录。

范例：

```
[root@ lhy ~]#useradd iris                  //创建用户 iris
[root@ lhy ~]# tail -1 /etc/passwd
iris:x:1001:1001::/home/iris:/bin/bash
```

2. 设置密码

用户管理的一项重要内容是用户密码的管理。用户账号刚创建时没有密码，但是被系统锁定，无法使用，必须为其指定密码后才可以使用，即使是指定空密码。

指定和修改用户密码的 Shell 命令是 passwd。超级用户可以为自己和其他用户指定密码，普通用户只能用它修改自己的密码。

使用权限：所有使用者。

使用方式：

> **passwd** [选项] 用户名

选项：

-l：锁定密码，即禁用账号。

-u：密码解锁。

-d：删除账号密码。

-f：强迫用户下次登录时修改密码。

范例：

```
[root@lhy ~]#passwd
[root@lhy ~]#passwd li
[root@lhy ~]#passwd -l  li
[root@lhy ~]#passwd -u  li
```

3. 修改用户

修改用户账号就是根据实际情况更改用户的有关属性，如用户号、主目录、用户组、登录 Shell 等。修改已有用户的信息使用 usermod 命令。

常用的选项包括 -c、-d、-m、-g、-G、-s、-u 以及 -o 等，这些选项的意义与 useradd 命令中的选项一样，可以为用户指定新的资源值。

另外，有些系统可以使用选项：-l 新用户名。这个选项指定一个新的账号，即将原来的用户名改为新的用户名。

使用权限：所有使用者。

使用方式：

```
usermod 选项 用户名
```

选项：

-c：用户说明。修改用户的说明信息，即修改/etc/passwd 文件目标用户信息的第 5 个字段。

-d：主目录。修改用户的主目录，即修改/etc/passwd 文件中目标用户信息的第 6 个字段。需要注意的是，主目录必须写绝对路径。

-e：日期。修改用户的失效日期，格式为"YYYY-MM-DD"，即修改/etc/shadow 文件目标用户密码信息的第 8 个字段。

-g：组名。修改用户的初始组，即修改/etc/passwd 文件目标用户信息的第 4 个字段（GID）。

-u UID：修改用户的 UID。即修改/etc/passwd 文件目标用户信息的第 3 个字段（UID）。

-G：组名：修改用户的附加组。其实就是把用户加入其他用户组，即修改/etc/group 文件。

-l：用户名。修改用户名称。

-L：临时锁定用户（Lock）。

-U：解锁用户（Unlock）。和 -L 对应。

-s shell：修改用户的登录 Shell。默认是/bin/bash。

范例：

```
[root@lhy ~]# useradd stu
[root@lhy ~]# passwd stu
```

```
[root@ lhy ~]# usermod -d /stu stu        //修改用户 stu 的宿主目录为/stu
[root@ lhy ~]# usermod -u 1222 stu        //修改用户 stu 的 UID 为 1222
[root@ lhy ~]# usermod -l student01 stu   //将用户 stu 更名为 student01
[root@ lhy ~]# usermod -L stu             //锁定用户 stu 失败
usermod:用户"stu"不存在
[root@ lhy ~]# usermod -L student01       //锁定用户 student01
[root@ lhy ~]# usermod -U student01       //解锁用户 student01
```

4. 删除用户

如果一个用户的账号不再使用，可以从系统中删除。删除用户账号就是要将/etc/passwd 等系统文件中的该用户记录删除，必要时还删除用户的主目录。删除一个已有的用户账号使用 userdel 命令。

使用权限：管理员。

使用方式：

userdel [选项] 用户名

选项：

-r：表示在删除用户的同时删除用户的家目录。

范例：

```
[root@ lhy ~]# useradd user1
[root@ lhy ~]# useradd user2
[root@ lhy ~]# userdel user1              //删除 user1
[root@ lhy ~]# userdel -r user2          //删除 user2 的同时删除其宿主目录
[root@ lhy ~]# ll /home |grep user       //查看 user1 和 user2 的宿主目录
drwx------.3   1223    1223  78 8 月  14 16:07 user1
```

3.2.3 其他用户与组相关命令

1. 切换用户身份

su 是最简单的用户切换命令，通过该命令可以实现任何身份的切换，包括从普通用户切换为 root 用户、从 root 用户切换为普通用户以及普通用户之间的切换。

使用权限：所有使用者。

使用方式：

su [选项] 用户名

选项：

-：不仅当前用户切换为指定用户的身份，而且所用的工作环境也切换为此用户的环境（包括 PATH 变量、MAIL 变量等）。使用 - 选项可省略用户名，默认会切换为 root 用户。

-l：同 - 的使用类似，也就是在切换用户身份的同时，完整切换工作环境，但后面需要添加欲切换的使用者账号。

-p：表示切换为指定用户的身份，但不改变当前的工作环境（不使用切换用户的配置文件）。

　　－m：和 －p 一样。

　　－c 命令：仅切换用户执行一次命令，执行后自动切换回来，该选项之后通常会带有要执行的命令。

　　范例：

```
[root@ lhy ~]# su li              //从用户 root 切换到用户 li
[li@ lhy root]$ su - student       //从 li 用户切换到 student 用户,同时切换工作目录
密码:
[student@ lhy ~]$ su -             //默认切换到 root 用户
密码:
[root@ lhy ~]# exit               //退回到上一次登录的用户身份,下同
注销
[student@ lhy ~]$ exit
注销
[li@ lhy root]$ exit
exit
```

2. 查看用户信息

　　Linux 下的 id 命令用于显示用户的 ID，以及所属群组的 ID。

　　使用 id 命令会显示用户以及所属群组的实际与有效 ID。若仅指定用户名称，则显示目前用户的 ID。

　　使用权限：所有使用者。

　　使用方式：

```
id [用户名]
```

　　选项：

　　－g 或 －－group：显示用户所属群组的 ID。

　　－G 或 －－groups：显示用户所属附加群组的 ID。

　　－n 或 －－name：显示用户所属群组或附加群组的名称。

　　－r 或 －－real：显示实际 ID。

　　－u 或 －－user：显示用户 ID。

　　－help：显示帮助。

　　－version：显示版本信息。

　　范例：

```
[root@ lhy ~]# id                 //显示当前用户的身份信息
uid =0( root)gid =0( root)组 =0( root)环境 = unconfined_u:unconfined_r:unconfined_
t:s0 - s0:c0. c1023
[root@ lhy ~]# id -g              //显示当前用户所属群组的 GID
0
[root@ lhy ~]# id -g li           //显示指定用户 li 的 GID
1000
[root@ lhy ~]# id -u student       //显示 student 用户的 UID
1001
```

3. 查看登录用户

Linux 下的 who 命令用于显示系统中有哪些使用者正在登录系统，显示的资料包含了使用者 ID、使用的终端机、从哪边连上来的、上线时间、呆滞时间、CPU 使用量、动作等。

使用权限：所有使用者。

使用方式：

who [用户名]

范例：

```
[root@ lhy ~]# who                    //查看当前登录用户信息
root      tty2        2023 - 08 - 02 23:12(tty2)
[root@ lhy ~]# who - H                 //查看当前登录用户信息,并加上标题
名称       线路         时间                        备注
root      tty2        2023 - 08 - 02 23:12(tty2)
[root@ lhy ~]# who - b                 //查看系统的最近启动时间
          系统引导 2023 - 08 - 02 23:11
```

4. 查看当前用户

命令 whoami 由英文单句"Who am I?（我是谁?）"连接而成，调用该命令时，系统会输出当前用户的有效用户名。

使用权限：所有使用者。

使用方式：

whoami [选项]

选项：

－－help：在线帮助。

－－version：显示版本信息。

范例：

```
[root@ lhy ~]#whoami                   //显示当前登录的用户名
root
```

任务2 文件与目录的权限管理

任务目标

在 Linux 操作系统中，每个文件或目录都包含有访问权限，这些权限决定了谁能访问和如何访问这些文件和目录。所以，作为公司的网络管理员，还需要熟悉 Linux 操作系统中文件权限的相关知识和命令用法。

3.3 知识链接：权限概述

Linux 系统是一种典型的多用户系统，不同的用户处于不同的地位，拥有不同的权限。

为了保护系统的安全性，Linux 系统对不同的用户访问同一文件（包括目录文件）的权限做了不同的规定，例如：通过 UID/GID 确定每个用户在登录系统后都做了些什么；通过 UID/GID 来区别不同用户所建立的文件或目录；每个文件或目录都属于一个 UID 和一个 GID；每个进程都使用一个 UID 和一个或多个 GID 来运行；超级用户具有一切权限，无须特殊说明；普通用户只能不受限制地操作主目录及其子目录下的所有文件，对系统中其他目录/文件的访问受到限制。

3.3.1 一般权限

首先要了解 Linux 操作系统下，对于文件或目录来说的三种用户身份，分别为：

- 文件的所有者 owner，也就是文件的创建者，简称属主。
- 文件的同组用户 group，同组用户对属于该组的文件都有相同的访问权限，简称属组。
- 其他用户 others，others 既非以上两种用户，也不是用户 root。

Linux 操作系统中，使用三个字母来表示对文件或目录的权限，见表 3-5。

表 3-5 文件和目录的权限含义

描述字符	权限	对文件的含义	对目录的含义
r	读权限	可以读取文件的内容	可以列出目录中的文件列表
w	写权限	可以修改或删除文件	可以在该目录中创建或删除文件或子目录
x	执行权限	可以执行该文件	可以使用 cd 命令进入该目录

对于某一文件/目录所有者的身份，可以使用 ls -l（ll）命令来查看，如图 3-2 所示。

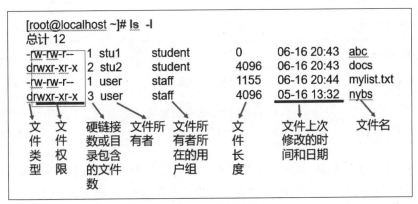

图 3-2 文件属性详解

举例来说，图 3-2 中命令运行结果中第一行为"abc"文件的详细内容，其中，第一列为该文件的类型，可以看出其为普通文件，"rw-rw-r--"则表示对于文件 abc 来说，其属主（stu1）和属组（student）拥有读取、修改或删除文件内容的权限，而其他用户对该文件只有只读权限，并能对该文件进行其他操作；对于最后一行的"nybs"目录，其第一列字母"d"表示其类型，第二列到第十列"rwxr – xr – x"则表示这个目录的属主（user）拥有读写执行权，即：属主 user 用户可以列出目录中的文件列表，并在该目录中创建删除文件或子目录，也可以执行也就是进入（cd）该目录，属组（staff）和其他用户只拥有列出目录中的文件列表及进入（cd）该目录的权限。

图 3 – 2 中详细描述了第一个部分的内容，后面依此表示文件的硬链接数或目录包含的文件数、属主、属组、文件大小、上次修改的时间和日期，以及文件名。

由于业务的需要，文件和目录创建后免不了要对其权限和所有者的身份进行修改。改变属主和属组，即改变文件或目录的所有权，可以通过使用 chown 和 chgrp 命令来实现。在实际的工作当中，由于用户工作部门的调动等，可能既需要修改用户对文件、目录的访问权限，又需要修改文件的所有者。

在建立文件时，系统会自动设置权限，如果这些默认权限无法满足需求，可以用 chmod 命令来修改权限。在权限修改时，通常可以用两种方式来表示权限类型：字符表示法和数字表示法。

1. 字符表示法

使用权限的字符表示法时，系统用 4 种字母来表示不同的用户。如图 3 – 3 所示。

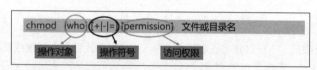

图 3 – 3　使用字符表示法修改文件或目录的权限

在图 3 – 3 中可见，通过使不同操作对象结合操作符号及权限可改变文件或目录的访问权限。表 3 – 6 中列出了操作对象、操作符号及访问权限的取值情况。

表 3 – 6　字符表示法中操作对象、操作符号及访问权限的取值

操作对象		操作方法		访问权限	
u	属主（user）	+	添加某权限	r	读（read）
g	同组（group）	–	删除某权限	w	写（write）
o	其他（others）	=	直接赋予某权限并取消其他所有权限	x	执行（execute）
a	所有（all）			–	无权限

在图 3 – 2 中，如需取消 docs 目录的其他用户权限，则表达式可以写作 o – rx；若要将 mylist. list 文件的同组人追加写权限，则表达式可以写作 g + w；而将 nybs 目录的权限设为所有人均可读写执行，则表达式可为 a = rwx。

2. 数字表示法

数字表示法是指将读取（r）、写入（w）和执行（x）分别以 4、2、1 来表示，没有授予的部分就表示为 0，然后把所授予的权限相加而成，见表 3 – 7。

表 3-7 数字表示法与字符表示法的对应关系

身份	属主（u）			属组（g）			其他人（o）		
权限	读	写	执行	读	写	执行	读	写	执行
字符表示	r	w	x	r	w	x	r	w	x
位权值	2^2	2^1	2^0	2^2	2^1	2^0	2^2	2^1	2^0
数字表示	4	2	1	4	2	1	4	2	1

同样，以图 3-2 中的文件和目录为例，如将 docs 目录的属主权限设为读写执行，属组人和其他用户设为读和执行权，则可使用数字"755"表示；若要将 mylist. list 文件的属主属组权限设为读写，其他用户权限设为只读，则可使用数字"664"表示；将 nybs 目录的权限设置为属主为完全权限，属组为读和执行权，其他用户无权限，则可使用数字"750"表示。

3.3.2 特殊权限

除了上面所述的一般权限，文件与目录设置还有特殊权限。由于特殊权限会用有一些"特权"，因而用户若无特殊需求，不应该启用这些权限，避免安全方面出现严重漏洞，以免造成黑客入侵而摧毁系统。

1. s 或 S（SUID, Set UID）

可执行的文件搭配这个权限，便能得到特权，任意操作该文件的所有者都能使用全部系统资源（仅对拥有执行权限的二进制程序有效）。例如，所有用户都可以执行 passwd 命令来修改自己的用户密码，而用户密码保存在 /etc/shadow 文件中。仔细查看这个文件，就会发现它的默认权限是 000，也就是说，除了 root 管理员以外，所有用户都没有查看或编辑该文件的权限。但是，在使用 passwd 命令时，如果加上 SUID 特殊权限位，就可让普通用户临时获得程序所有者的身份，把变更的密码信息写入 shadow 文件中。要注意的是，黑客经常利用这种具备 SUID 权限的文件，以 SUID 配上 root 账户拥有者，无声无息地在系统中开扇后门，供日后进出使用。

查看 passwd 命令属性时，发现所有者的权限由 rwx 变成了 rws，其中，x 改变成 s 就意味着该文件被赋予了 SUID 权限，命令如下：

```
[root@ lhy ~]# ll /bin/passwd
- rwsr - xr - x. 1 root root 33424 2 月  8 2022 /bin/passwd
```

2. s 或 S（SGID, Set GID）

设置在文件上面，其效果与 SUID 相同，只不过将文件所有者换成用户组，该文件就可以任意存取整个用户组所能使用的系统资源。

SGID 特殊权限有两种应用场景：当对二进制程序进行设置时，能够让执行者临时获取文件所属组的权限；当对目录进行设置时，则是让目录内新创建的文件自动继承该目录原有用户组的名称。

3. t 或 T（Stickybit,）

Sticky BIT，简称 SBIT 特殊权限，可意为黏着位、黏滞位、防删除位等。SBIT 权限仅对目录有效，一旦目录设定了 SBIT 权限，则用户在此目录下创建的文件或目录，就只有自己和 root 才有权利修改或删除。如/tmp 和/var/tmp 目录供所有用户暂时存取文件，也即每位用户皆拥有完整权限进入该目录，去浏览、删除和移动文件。

因为 SUID、SGID、Sticky 占用 x 的位置来表示，所以，在表示上会有大小写之分。假如同时开启执行权限和 SUID、SGID、Sticky，则权限表示字符是小写的。以普通文件 test 为例：

```
- rwSr - - r - -.1 root root    13 8 月  2 23:53 test
```

如果关闭执行权限，则权限表示字符是大写的。以目录 dir 为例：

```
drwxr - sr - x.2 root root     6 8 月  2 23:54 dir
```

3.4 任务实施：文件与目录的管理

3.4.1 文件与目录的权限修改

chmod 命令来自英文词组"change mode"的缩写，其功能是改变文件或目录权限。默认只有文件的所有者和管理员可以设置文件权限，普通用户只能管理自己文件的权限属性。

使用权限：文件所有者。

使用方式：

chmod［选项］字符法/数字法 文件/目录

选项：

- c：改变文件权限成功后，再输出成功信息。

- f：改变文件权限失败后，不显示错误信息。

- R：递归处理所有子文件。

- v：显示执行过程详细信息。

-- no - preserve - root：不特殊对待根目录。

-- preserve - root：禁止对根目录进行递归操作。

-- reference：使用指定参考文件的权限。

范例：

```
［root@ lhy ~］# chmod u + rw myfile. list            /* 为 myfile. txt 追加属主的读
写权*/
［root@ lhy ~］# chmod a + rx,u + w myfile. list          /* 为所有人增加读和执行权,属主
增加写权限*/
［root@ lhy ~］# chmod u + rwx,g + rx,o + rx myfile. list       //作用与上面命令相同
［root@ lhy ~］# chmod a + rwx,g - w,o - w myfile. list      /* 在所有人的完全权限基础
上,删除属组和同组人的写权限*/
［root@ lhy ~］# chmod a = rwx myfile. list            //所用人均有完全权限
［root@ lhy ~］# chmod go = rx myfile. list           /* 在原有权限的基础上,使属组和
其他人对文件有读和执行权*/
［root@ lhy ~］# chmod u - wx,go - x myfile. list          /* 删除属主的写和执行权,属组和
其他用户删除执行权*/
```

```
[root@lhy ~]# chmod a + x myfile. list        //为所有用户增加执行权
[root@lhy ~]# chmod g + s test               //为文件 test 设置 SGID 权限
[root@lhy ~]# chmod u + s dir                 //为目录 dir/设置 SUID 权限
[root@lhy ~]# chmod 644 myfile. list          //将文件的权限设为"- rw - r - - r - -"
[root@lhy ~]# chmod 750 myfile. list          //将文件的权限设为"- rwxr - x - - -"
[root@lhy ~]# chmod - R 700 docs              /* 将目录及其下一级的文件或目录权限
设为"drwx - - - - - -"*/
```

在修改文件与目录权限时，需要注意：

- 尽量使用私有组，保护用户各自的文件或目录。
- 把权限设置为 777 或 666 的可读写的权限是不明智的，应该尽量避免使用。
- 应随时了解指定给文件和目录的权限，定期检查文件和目录，以确保指定了正确的权限。
  ✓ 如果在目录下发现陌生的文件，请向系统管理员或安全人员报告。
- 为文件和目录指定权限时，请慎重考虑，只有在具有充分的理由时，才将访问权限授予他人。
  ✓ 例如，处理小组项目时，组员可能需要访问特定的文件或目录，需要开放其访问权限。

3.4.2 属主、属组的管理

在生产过程中，修改文件或目录的权限往往不能满足实际需求，通常还需要对其属主或属组进行修改才能满足需求。此时需要注意的是，只有超级用户（root）才能改变文件的所有者，只有 root 用户或所有者才能改变文件所属的组。

1. 修改属主、属组命令 chown

命令 chown 来自英文词组 "change owner" 的缩写，其功能是改变文件或目录的用户和用户组信息。管理员可以改变一切文件的所属信息，而普通用户只能改变自己文件的所属信息。

使用权限：文件所有者。

使用方式：

chown ［选项］ ［属主[:属组]］ 文件/目录

选项：

- c：改变文件权限成功后，再输出成功信息。

- f：改变文件权限失败后，不显示错误信息。

- R：递归处理所有子文件。

- v：显示执行过程详细信息。

- - no - preserve - root：不特殊对待根目录。

- - preserve - root：禁止对根目录进行递归操作。

- - reference：使用指定参考文件的权限。

范例：

[root@lhy ~]# chown li test

```
[root@ lhy ~]# chown:li test
[root@ lhy ~]# chown -R li:li dir
```

2. 修改属组命令 chgrp

命令 chgrp 来自英文词组" change group "的缩写，其功能是更改文件所属用户组。Linux 系统中常用 chown 命令更改文件所属用户及用户组身份信息，如仅需要修改文件所属用户组身份信息，则可以使用 chgrp 命令更快地完成。

使用权限：文件所有者。

使用方式：

chgrp ［选项］ 字符法/数字法 文件/目录

选项：

- c：显示调试信息。
- f：不显示错误信息。
- h：对符号链接文件做修改。
- L：遍历每个符号链接。
- P：不遍历每个符号链接。
- R：递归处理所有子文件。
- v：显示执行过程详细信息。
- - help：显示帮助信息。
- - vesion：显示版本信息。

范例：

```
[root@ lhy ~]# chgrp -R li dir
[root@ lhy ~]# chgrp li test
[root@ lhy ~]#
[root@ lhy ~]#
```

3.4.3 其他相关命令

1. umask 命令

创建新文件或新目录时，系统都会为它们指定默认的访问权限，这个缺省的访问权限就由 umask 值来决定。用户可以使用 umask 命令设置文件的默认生成掩码。默认生成掩码告诉系统当创建一个文件或目录时，不应该赋予其哪些权限。

注意：系统不允许用户在创建一个普通文件时就赋予它可执行权限，必须在创建后用 chmod 修改。目录则允许设定可执行权限。

使用权限：文件所有者。

使用方式：

umask ［选项］ 字符法/数字法 文件/目录

选项：

- p：输出的权限掩码可直接作为指令来执行。
- S：使用文字来表示权限掩码。

范例：

```
[root@ lhy ~]# umask                              //查看当前系统中预设的权限掩码
[root@ lhy ~]# umask 012                          /* 设置新建文件权限默认为 654(即 666 - umask),新建
目录的权限为 765(即 777 - 012)*/
```

2. id 命令

id 命令的功能是显示用户与用户组信息。UID 是指用户身份的唯一识别号码，相当于人类社会的身份证号码，而 GID 则指用户组的唯一识别号码，用户仅有一个基本组，但可以有多个扩展组。

使用权限：所有使用者。

使用方式：

```
id ［选项］ 用户名
```

选项：

- g：显示用户所属基本组的 ID。
- G：显示用户所属扩展组的 ID。
- n：显示用户所属基本组或扩展组的名称。
- u：显示用户的 ID。

范例：

```
[root@ lhy ~]# id student                         //显示用户 student 的身份信息
uid =1001(student)gid =1001(student)组 =1001(student)
[root@ lhy ~]# id                                 //显示管理员 root 的身份信息
uid =0(root)gid =0(root)组 =0(root)环境 = unconfined_u:unconfined_r:unconfined_
t:s0 - s0:c0. c1023
[root@ lhy ~]# id - g                             //显示当前用户的所属群组 GID
[root@ lhy ~]# id - u                             //显示当前用户的身份码 UID
```

3. su 命令与 sudo 服务

在生成环境中，为了保障系统安全，建议不要使用管理员 root 身份登录系统，因为一旦执行错误命令，可能会导致系统崩溃，进而造成难以挽回的损失。因此，除了学习环境，建议使用普通用户身份登录系统，这时可以借助 su 命令，使普通用户也可以摆脱权限的束缚，顺利完成特定的工作任务。

命令 su 来自英文单词"switch user"的缩写，其功能是切换用户身份。管理员切换至任意用户身份而无须密码验证，而普通用户切换至任意用户身份均需密码验证。另外，添加单个减号（-）参数为完全的身份变更，不保留任何之前用户的环境变量信息。

使用权限：所有使用者。

使用方式：

```
su ［选项］ 用户名
```

选项：

- --：完全切换身份。
- c：执行完指令后，自动恢复原来的身份。

-f：不读取启动文件（适用于 csh 和 tsch）。

-l：切换身份时，也同时变更工作目录。

-m：切换身份时，不要变更环境变量。

-s：设置要执行的 Shell 终端。

范例：

```
[root@ lhy ~]# su li
[root@ lhy ~]# su - student
```

sudo 命令来自英文词组"super user do"的缩写，命令用于给普通用户提供额外的权限。

使用 sudo 命令可以给普通用户提供额外的权限来完成原本只有 root 管理员才能完成的任务，可以限制用户执行指定的命令，记录用户执行过的每一条命令，集中管理用户与权限，以及可以在验证密码后的一段时间无须让用户再次验证密码。

使用权限：所有使用者。

使用方式：

```
sudo [选项] 命令
```

选项：

-h：列出帮助信息。

-l：列出当前用户可执行的命令。

-u：用户名或 UID 值以指定的用户身份执行命令。

-k：清空密码的有效时间，下次执行 sudo 时，需要再次进行密码验证。

-b：在后台执行指定的命令。

-p：更改询问密码的提示语。

范例：

```
[root@ lhy ~]# su - li
[li@ lhy ~]$ reboot
[li@ lhy ~]$ sudo - u root reboot
```

日常注意事项：

①尊重别人的隐私。

②输入前要先考虑后果和风险。

③权力越大，责任越大。

使用 sudo 服务可以授权某个指定的用户去执行某些指定的命令，在满足工作需求的前提下尽可能少地放权，保证服务器的安全。配置 sudo 服务可以直接编辑配置文件/etc/sudoers，也可以执行 visudo 命令进行设置。

【课后练习】

1. 在 UNIX/Linux 系统添加新用户的命令是（   ）。

A. groupadd   B. usermod   C. useradd   D. userdel

2. 添加组账户使用（   ）命令。

A. groupadd　　　　B. newgrp　　　　C. useradd　　　　D. userdel

3. 添加一个用户，起初指定账号在 30 天后过期，现在想改变这个过期时间，用（　　）命令最合适。

A. usermod　–a　　B. usermod　–d　　C. usermod　–x　　D. usermod　–e

4. 更改组 group2 的 GID 为 1003 并更改组名为 grouptest，应使用命令（　　）。

A. groupmod　–g　1003　–n　grouptest　group2

B. chmod　–g　1003　–n　grouptest　group2

C. chgrp　–g　1003　–n　grouptest　group2

D. groupmod　1003　grouptest　group2

5. 删除组 grouptest，应使用命令（　　）。

A. groupmod　grouptest　　　　　　B. groupdel　grouptest

C. chgrp　grouptest　　　　　　　　D. chmod　grouptest

6. 在 Linux 中，与用户有关的文件为（　　）。

A. /etc/passwd 和/etc/shadow　　　B. /etc/passwd 和/etc/group

C. /etc/passwd 和/etc/gshadow　　　D. /etc/shadow 和/etc/group

7. /etc/passwd 文件中的第一列代表（　　）。

A. 用户名　　　　B. 组名　　　　C. 用户别名　　　　D. 用户主目录

8. 可用于锁定账户的命令是（　　）。

A. useradd　　　　B. userdel　　　　C. usermod　　　　D. adduser

9. 用户加密后的密码保存在（　　）。

A. /etc/passwd　　B. /etc/shadow　　C. /etc/gshadow　　D. /etc/group

10. 普通用户的 ID 号默认从（　　）开始。

A. 999　　　　B. 1 000　　　　C. 1 001　　　　D. 1 002

11. Root 用户的 ID 号是（　　）。

A. 1　　　　B. 2　　　　C. 3　　　　D. 0

12. RHEL/CentOS 8.X 中，超级用户的提示符是（　　）。

A. $　　　　B. ?　　　　C. #　　　　D. !

13. 以下（　　）文件用于保存用户账号的 UID 信息。

A. /etc/users　　B. /etc/shadow　　C. /etc/passwd　　D. /etc/inittab

14. Linux 系统中，（　　）文件用于存放组群账号的加密信息。

A. /etc/passwd　　B. /etc/shadow　　C. /etc/gshadow　　D. /etc/security

15. 新建用户使用 useradd 命令，如果要指定用户的主目录，则需要（　　）。

A. –g　　　　B. –d　　　　C. –u　　　　D. –s

16. 下面命令可以删除一个名为 peter 的用户，并同时删除用户的主目录的是（　　）。

A. rmuser –r peter　B. deluser –r peter　C. userdel –r peter　D. usermgr –r peter

17. 默认情况下管理员创建了一个用户，就会在（　　）目录下创建一个用户主目录。

A. /usr　　　　B. /home　　　　C. /root　　　　D. /etc

18. 设超级用户 root 当前所在目录为/usr/local，键入 cd 命令后，用户当前所在目录为（　　）。

A. /home   B. /home/root   C. /root   D. /usr/local

19. 以下命令中，可以将用户身份临时改变为 root 的是（　　）。

A. SU   B. su   C. Login   D. logout

20. 普通文件的基本权限为（　　）。

A. rwx –   B. rw –   C. rwx   D. rwxu

21. 使用（　　）命令可以查看文件的属性。

A. ll   B. ls   C. ls – a   D. cat

22. 权限 rwxr – – r – – 对应的数值是（　　）。

A. 766   B. 755   C. 644   D. 744

23. 设置文件权限，要求文件所有者具有读写执行权限，其他用户只有执行权限，则应当设置（　　）。

A. 722   B. 711   C. 744   D. 644

24. 系统中有用户 user1 和 user2，同属于 users 组。在 user1 用户目录下有一个文件 file1，其本身权限为 644，如果允许 user2 用户修改 user1 用户目录下的 file1 文件，则修改 file1 的权限的方法是（　　）。

A. 744   B. 664   C. 646   D. 746

25. 修改文件的所有者可用（　　）。

A. chgrp   B. chown   C. chmod   D. chright

26. 下列权限码中，属组权限是只读的是（　　）。

A. 221   B. 664   C. 446   D. 777

27. 某用户在目录中新建了一个名为 readme 的文件，为了使该文件的所有者具有读和写的权限，而其他用户只能进行只读访问，则可以使用（　　）命令。

A. chmod　644　readme   B. chown　644　readme

C. chmod　622　readme   D. chown　622　readme

28. 下列（　　）文件一定是 Linux 中的执行文件。

A. filename. exe

B. filename. sh

C. filename. bat

D. 执行过 chmod 755 filename 指令之后的 filename

29. 在使用了 shadow 密码的系统中，/etc/passwd 和/etc/shadow 两个文件的权限正确的是（　　）。

A. – rw – r – – – – – , – r – – – – – – – –   B. – rw – r – – r – – , – r – – r – – r – –

C. – rw – r – – r – – , – r – – – – – – – –   D. – rw – r – – rw – , – r – – – – – r – –

30. 如果 umask 设置为 022，缺省情况下，创建的文件权限是（　　）。

A. – – – – w – – w –   B. – w – – w – – – –

C. r – xr – xr – – –   D. rw – r—r – –

项目四

磁盘管理

1. 了解磁盘接口类型。
2. 熟悉磁盘分区的表示。
3. 熟悉 Linux 支持的常用文件系统。
4. 熟悉 Linux 操作系统下逻辑卷（LVM）的工作机制。
5. 掌握磁盘的分区、格式化、挂载和卸载的方法。
6. 掌握动态磁盘的管理方法。

技能目标

1. 会使用 fdisk 命令对磁盘进行分区。
2. 能对各类分区进行格式化操作。
3. 会挂载和卸载分区。
4. 会对磁盘进行配额管理。
5. 使用 LVM 实现动态磁盘管理。

素养目标

1. 了解我国芯片技术的发展现状。
2. 能按照职业规范完成任务实施。

项目介绍

　　磁盘作为存储数据的重要载体，在如今日渐庞大的软件资源面前显得格外重要。规划和管理磁盘特别是硬盘是网络管理员的重要工作内容之一。购买硬盘后，必须经过物理安装、分区、格式化（即创建文件系统）和挂载等环节后才能存储程序和数据，熟练掌握磁盘的每一个环节所需技术是对网络管理员的基本要求。同时，作为网络管理员，还必须掌握磁盘配额、逻辑卷管理（LVM）等技术，以便更加灵活、有效、安全地管理好磁盘。本项目将对磁盘管理的基本过程和常用技术进行介绍。

任务 1 基本磁盘分区管理

任务目标

网络管理员在公司的服务器安装过程中，已经完成了对磁盘的分期处理，但是在对服务器的使用和管理中，管理员发现某台服务器的磁盘空间不够了，需要通过添加新的磁盘来扩充可用空间。此时就要求管理员熟练掌握手工创建分区和文件系统以及挂载文件系统方法。

4.1 知识链接：磁盘分期类型

计算机中存放信息的主要存储设备是硬盘，但是硬盘不能直接使用，必须将硬盘分割成一块一块的硬盘区域后才能使用，这些被分割的硬盘区域就是硬盘分区。

4.1.1 磁盘结构

在 Linux 系统中，文件系统是创建在硬盘上的，因此，要想彻底搞清楚文件系统的管理机制，就要从了解硬盘开始。

硬盘是计算机的主要外部存储设备。计算机中的存储设备种类非常多，常见的主要有光盘、硬盘、U 盘等，甚至还有网络存储设备 SAN、NAS 等，不过使用最多的还是硬盘。

如果从存储数据的介质来区分，硬盘可分为机械硬盘（Hard Disk Drive，HDD）和固态硬盘（Solid State Disk，SSD），机械硬盘采用磁性碟片来存储数据，而固态硬盘通过闪存颗粒来存储数据。

1. 机械硬盘（HDD）

机械硬盘即是传统普通硬盘，主要由盘片、磁头、盘片转轴及控制电动机、磁头控制器、数据转换器、接口、缓存等几个部分组成。机械硬盘读写次数多，在同样容量的情况下，价格比固态硬盘更低。缺点是由于盘片旋转会有声音，功耗比固态硬盘低。常见的机械硬盘接口包括 IDE 接口、SATA 接口、mSATA 接口、SCSI 接口、SAS 接口、光纤通道等。其优点是容量大，价格实惠，寿命高；其缺点是读写慢，有噪声，体积大，怕震动，发热量高。

2. 固态硬盘（SSD）

固态硬盘，又称固态驱动器，是由多个闪存芯片加主控以及缓存组成的阵列式存储，属于以固态电子存储芯片阵列制成的硬盘。相对于机械硬盘，固态硬盘读取速度更快，寻道时间更短，可加快操作系统启动速度和软件启动速度。

其优点是：读写速度快，防震抗摔，低功耗，无噪声，工作温度范围大，轻便；其缺点是：容量小，寿命有限，售价高。

3. 混合硬盘（SSHD）

混合硬盘（SSHD）是机械硬盘与固态硬盘的结合体，容量较小的闪存颗粒用来存储常用文件，而磁盘才是最重要的存储介质，闪存仅起到了缓冲作用，将更多的常用文件保存到闪存内可以缩短寻道时间，从而提升效率。其优点是：读写快，防震抗摔性强，低功耗，无噪声，工作温度范围大；其缺点是：容量比机械盘小，寿命比机械硬盘短，成本价高。

4.1.2　Linux 分区类型

Linux 分区类型和 Windows 一样，可以划分为主分区、扩展分区和逻辑分区三种类型。Linux 系统管理员在部署系统时，必须要对这三个分区进行合理的规划，否则会浪费宝贵的硬盘空间。

1. 主分区

通常情况下，一个硬盘中最多能够分割四个主分区。因为硬盘中分区表只有 64 B，而分割一个分区就需要利用 16 B 空间来存储这个分区的相关信息。

2. 扩展分区

为了突破最多四个主分区的限制，Linux 系统中引入了扩展分区的概念。即管理员可以把其中一个主分区设置为扩展分区（注意，只能够使用一个扩展分区）来进行扩充。

3. 逻辑分区

在扩展分区下，可以建立多个逻辑分区。也就是说，扩展分区是无法直接使用的，必须细分成逻辑分区才可以用来存储数据。通常情况下，逻辑分区的起始位置及结束位置记录在每个逻辑分区的第一个扇区，这也叫作扩展分区表。在扩展分区下，系统管理员可以根据实际情况建立多个逻辑分区，将一个扩展分区划割成多个区域来使用。

4.2　任务实施：基本磁盘管理

4.2.1　磁盘挂载

如果说 Windows 是一台全自动傻瓜相机的话，那么 Linux 就是一台专业的单反相机，在学习和使用 Linux 操作系统的过程中，学习者在不知不觉中会对操作系统的工作方式有更深入的理解。例如，平时我们所使用的 U 盘或者各种移动存储设备，接入电脑后，首先应进行设备的挂载，Windows 中会有一个新的盘符代表这个移动设备，而 Linux 操作系统会在/dev 目录下产生一个新的设备名称，自动挂载到的指定目录也称为挂载点，通过访问挂载点达到访问外存设备的目的。使用完毕后，需要卸载该设备，防止数据丢失。

1. 查看磁盘设备

Linux 操作系统下的 fdisk 命令能将磁盘划分成若干个区，下节将详细介绍，此处只介绍 fdisk 的查看功能。

使用权限：系统管理员。

使用方式：

```
fdisk -l
```

选项：

-l：列出外存设备的分区表状态。

范例：

```
[root@lhy ~]# fdisk -l
Disk /dev/nvme0n1:40 GiB,42949672960 字节,83886080 个扇区
单元:扇区 / 1* 512 = 512 字节
扇区大小(逻辑/物理):512 字节 /512 字节
I/O 大小(最小/最佳):512 字节 /512 字节
磁盘标签类型:dos
磁盘标识符:0x2b07da8b
设备                   启动       起点        末尾        扇区     大小    Id 类型
/dev/nvme0n1p1*        2048      2099199     2097152     1G      83      Linux
/dev/nvme0n1p2        2099200    83886079    81786880    39G     8e      LinuxLVM
Disk /dev/mapper/rhel - root:37 GiB,39694893056 字节,77529088 个扇区
单元:扇区 / 1* 512 = 512 字节
扇区大小(逻辑/物理):512 字节 /512 字节
I/O 大小(最小/最佳):512 字节 /512 字节
Disk/dev/mapper/rhel - swap:2 GiB,2176843776 字节,4251648 个扇区
单元:扇区 / 1* 512 = 512 字节
扇区大小(逻辑/物理):512 字节 /512 字节
I/O 大小(最小/最佳):512 字节 /512 字节
```

2. 查看磁盘信息

df 是 disk free 的缩写，通常针对的是文件系统。

使用权限：系统管理员。

使用方式：

```
df  [选项]
```

选项：

- a：显示所有文件系统的磁盘使用情况。

- k：显示单位。

- h：以阅读方式显示。

- i：显示 inode 使用情况，而不是默认块使用情况。

- t：以指定文件系统类型作为条件输出。

- x：与 - t 条件相反。

- T：输出文件系统类型列。

范例：

```
[root@lhy ~]# df -h
文件系统                容量      已用      可用      已用%     挂载点
devtmpfs               944M      0        944M      0%       /dev
tmpfs                  973M      0        973M      0%       /dev/shm
tmpfs                  973M      9.9M     963M      2%       /run
tmpfs                  973M      0        973M      0%       /sys/fs/cgroup
/dev/mapper/rhel - root 37G      5.5G     32G       15%      /
/dev/nvme0n1p1         1014M     233M     782M      23%      /boot
```

| tmpfs | 195M | 36K | 195M | 1% /run/user/0 |
| tmpfs | 195M | 24K | 195M | 1% /run/user/1000 |

3. 显示块设备信息

lsblk 命令的英文是"list block"，用于列出所有可用块设备的信息，而且还能显示它们之间的依赖关系，但是不会列出 RAM 盘的信息。块设备有硬盘、闪存盘、CD – ROM 等。lsblk 命令包含在 util – linux 中。通过 yum provides lsblk 命令查看命令对应的软件包。

使用权限：系统管理员。

使用方式：

lsblk ［选项］

选项：

- a：显示所有设备信息。
- b：显示以字节为单位的设备大小。
- e：排除指定设备。
- f：显示文件系统信息。
- h：显示帮助信息。
- i：仅使用字符。
- l：使用列表格式显示。
- m：显示权限信息。
- n：不显示标题。
- o：输出列信息。
- P：使用"key = value"格式显示信息。
- r：使用原始格式显示信息。
- t：显示拓扑结构信息。
- V：显示版本信息。

范例：

```
[root@ lhy ~]# lsblk
NAME              MAJ:MIN   RM   SIZE    RO TYPE   MOUNTPOINT
sda               8:0       0    20G     0  disk
├─sda1            8:1       0    6G      0  part
├─sda2            8:2       0    2G      0  part
├─sda3            8:3       0    512B    0  part
├─sda5            8:5       0    4G      0  part
├─sda6            8:6       0    3G      0  part
└─sda7            8:7       0    5G      0  part
sr0               11:0      1    11.3G   0  rom
nvme0n1           259:0     0    40G     0  disk
├─nvme0n1p1       259:1     0    1G      0  part /boot
└─nvme0n1p2       259:2     0    39G     0  part
  ├─rhel-root     253:0     0    37G     0  lvm /
  └─rhel-swap     253:1     0    2G      0  lvm [SWAP]
```

4. blkid 命令

blkid 命令来自英文词组 "block ID" 的缩写，其功能是显示块设备信息。blkid 命令能够查看 Linux 系统中全部的块设备信息，也就是我们俗称的硬盘或光盘设备，并可以依据块设备名称、文件系统类型、LABEL、UUID 等项目进行信息检索。

使用权限：系统管理员。

使用方式：

blkid [选项] [块设备名]

选项：

−g：显示缓存信息。

−i：显示 I/O 限制信息。

−L：显示卷标对应的分区信息。

−p：低级超级块探测。

−U：显示 UUID 对应的分区信息。

−v：显示版本信息。

范例：

```
[root@lhy ~]# blkid
/dev/nvme0n1:PTUUID="2b07da8b" PTTYPE="dos"
/dev/nvme0n1p1:UUID="15d0bc79-3e00-41c7-8543-f3d385860440" BLOCK_SIZE="512" TYPE="xfs" PARTUUID="2b07da8b-01"
/dev/nvme0n1p2:UUID="CgHaqy-nHFx-GibG-vuT7-ek3b-aUvN-V2J7rL" TYPE="LVM2_member" PARTUUID="2b07da8b-02"
/dev/sda1:UUID="9673ab81-676d-49f5-b31d-3a85ebd2c448" BLOCK_SIZE="512" TYPE="xfs" PARTUUID="57711d09-01"
/dev/sda2:PARTUUID="57711d09-02"
/dev/sda5:UUID="649612f9-e214-443c-b67c-702a56b1c9eb" BLOCK_SIZE="512" TYPE="xfs" PARTUUID="57711d09-05"
/dev/sda6:PARTUUID="57711d09-06"
/dev/sda7:PARTUUID="57711d09-07"
/dev/mapper/rhel-root:UUID="04575e10-7952-4edc-b101-d8aa06ea91c6" BLOCK_SIZE="512" TYPE="xfs"
/dev/mapper/rhel-swap:UUID="9d247f4d-32b6-4939-87ff-4b9c4204cbd1" TYPE="swap"
```

5. 挂载磁盘

Linux 操作系统中的挂载表示在使用磁盘存储设备进行读取数据前，需要先将其与一个已存在的目录文件进行关联，而这个关联动作就是"挂载"。

mount 命令用于挂载文件系统，只需使用 mount 命令把硬盘设备或分区与一个目录文件进行关联，就可以通过访问该目录文件对磁盘设备中的数据进行挂载操作。

使用权限：系统管理员。

使用方式：

mount [选项] 文件系统　挂载目录

选项：

–a：挂载所有在/etc/fstab 中定义的文件系统。

–t：指定文件系统的类型。

范例：

```
[root@lhy ~]# mount  /dev/sr0  /media
mount:/media:WARNING:device write-protected,mounted read-only.
[root@lhy ~]# df -h
文件系统                容量      已用     可用     已用%     挂载点
devtmpfs               944M     0        944M     0%        /dev
tmpfs                  973M     0        973M     0%        /dev/shm
tmpfs                  973M     9.9M     963M     2%        /run
tmpfs                  973M     0        973M     0%        /sys/fs/cgroup
/dev/mapper/rhel-root  37G      5.5G     32G      15%       /
/dev/nvme0n1p1         1014M    233M     782M     23%       /boot
tmpfs                  195M     36K      195M     1%        /run/user/0
tmpfs                  195M     24K      195M     1%        /run/user/1000
/dev/sr0               12G      12G      0        100%      /media
[root@lhy ~]# ls/media
AppStream   BaseOS   EFI   EULA   extra_files.json   GPL   images   isolinux
media.repo
 RPM-GPG-KEY-redhat-beta   RPM-GPG-KEY-redhat-release   TRANS.TBL
```

6. 磁盘卸载

使用完毕后，可以通过 umount 命令来卸载磁盘，使原本的磁盘设备或外存设备与目录文件断开连接。例如，当加载磁盘镜像文件后，默认情况下，会自动挂载该设备到/run/media/root/RHEL-8-7-0-BaseOS-x86_64（此目录会根据学习者使用的镜像文件版本而有所不同）目录下，而上例中已经将光盘镜像文件挂载到/media 下。此时如果想卸载，只需卸载设备文件或挂载点中任意一个即可。

使用权限：系统管理员。

使用方式：

umount 文件系统

选项：

–a：挂载所有在/etc/fstab 中定义的文件系统。

–t：指定文件系统的类型。

范例：

```
[root@lhy ~]# umount  /dev/sr0
[root@lhy ~]# df -h
文件系统        容量      已用     可用     已用%     挂载点
devtmpfs       944M     0        944M     0%        /dev
tmpfs          973M     0        973M     0%        /dev/shm
tmpfs          973M     9.9M     963M     2%        /run
```

```
tmpfs                        973M    0      973M    0%    /sys/fs/cgroup
/dev/mapper/rhel-root        37G     5.5G   32G     15%   /
/dev/nvme0n1p1               1014M   233M   782M    23%   /boot
tmpfs                        195M    36K    195M    1%    /run/user/0
tmpfs                        195M    24K    195M    1%    /run/user/1000
[root@lhy ~]# ls/media
```

7. 磁盘自动挂载

上面所讲的是临时挂载方法，当系统重启后，所有挂载关系都会失效，需要在每次启动后重新挂载再使用。对于一些需要频繁操作的外存来说，这种方法无疑是不可取的。如果想让硬件设备和目录永久地进行自动关联，就必须把挂载信息按照指定的格式追加到/etc/fstab文件中。系统开机时，会主动读取/etc/fstab这个文件中的内容，根据文件里面的配置挂载磁盘。这样只需要将磁盘的挂载信息写入这个文件中，就不需要每次开机启动之后手动进行挂载了。

/etc/fstab文件中包含着挂载所需的诸多信息，文件内容如下：

```
[root@lhy ~]# cat /etc/fstab
#
# /etc/fstab
# Created by anaconda on Sun Jan 29 18:27:04 2023
#
# Accessible filesystems,by reference,are maintained under '/dev/disk/'.
# See man pages fstab(5),findfs(8),mount(8)and/or blkid(8)for more info.
#
# After editing this file,run 'systemctl daemon-reload' to update systemd
# units generated from this file.
#
/dev/mapper/rhel-root                          /       xfs   defaults   0 0
UUID=15d0bc79-3e00-41c7-8543-f3d385860440   /boot   xfs   defaults   0 0
/dev/mapper/rhel-swap                          none    swap  defaults   0 0
```

文件中以"#"开头的均为注释语句，帮助学习者解读文件内容，使学习者能更好地使用文件。倒数三行的内容为配置文件的正文，每项内容用空格分开，其中代表的含义见表4-1。

表4-1　代表的含义

位置	名称	详解
第一列	设备（Device）	磁盘设备文件或者该设备的 Label 或者 UUID
第二列	挂载点（Mount Point）	设备的挂载点，就是要挂载到哪个目录下
第三列	文件系统（filesystem）	磁盘文件系统的格式，包括 ext2、ext3、reiserfs、nfs、vfat 等
第四列	参数（parameters）	指定分区对应文件系统的参数

续表

位置	名称	详解
第五列	能否被 dump 备份命令作用	dump 是一个用来作为备份的命令。通常这个参数的值为 0 或者 1
第六列	是否检验扇区	开机的过程中，系统默认会以 fsck 检验系统是否为完整（clean）

如果希望每次启动都能自动挂载光盘镜像，则可以追加一下记录到/etc/fstab 末尾：

```
/dev/sr0          /media        swap         defaults        0 0
```

完成后需要重启系统，或者使用 mount - a 加载/etc/fstab 文件中所有记录，使用后者的好处是可以及时更新挂载。最重要的是，可以避免文件修改错误而导致重启系统失败。

4.2.2　基本磁盘管理

前面我们所讲的外存都是在直接读取数据的基础上进行访问操作的，但实际上网络管理员很多情况下都要对一个全新的存储设备进行操作，这时就需要先分区再格式化，最后挂载再进行数据存取。

作为数据管理员，磁盘分区是常规操作，其中，fdisk 和 parted 命令最为常用。fdisk 命令适用于磁盘小于 2 TB 的情况，当磁盘大于 2 TB 时，只能使用 parted 命令。本节主要介绍如何使用 fdisk 命令对磁盘进行分区。

在开始磁盘分区前，需要有一个空余的磁盘设备进行操作，因此，在虚拟机环境下可以直接添加一个新的磁盘设备。步骤如下：

（1）在"虚拟机设置"页面中，用鼠标单击下方的"添加（A）"按钮，如图 4 - 1 所示，弹出"添加硬件向导"页面。

图 4 - 1　虚拟机设置

（2）在图4-2页面中，"硬件类型（H）"选中"硬盘"后，单击"下一步"按钮。

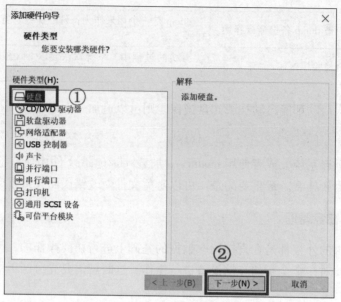

图4-2　添加硬件向导

（3）在图4-3页面中，选择虚拟硬盘的类型为默认的 SATA（A），并单击"下一步"按钮。

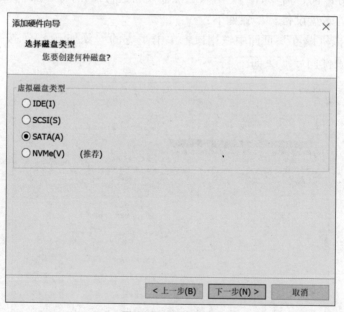

图4-3　硬盘类型

（4）在图4-4页面中，选中"创建新虚拟磁盘"单选按钮（而不是其他选项），再次单击"下一步"按钮。

（5）在图4-5页面中，将"最大磁盘大小"设置为默认的20 GB。这个数值是限制这

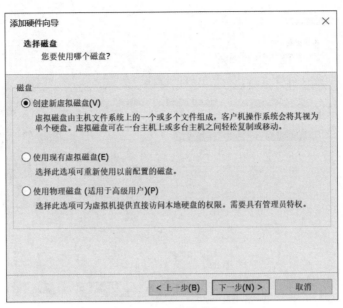

图4-4 选择磁盘

台虚拟机所使用的最大硬盘空间，而不是立即将其填满。下方可以使用默认的"将虚拟磁盘拆分成多个文件（M）"，方便在各计算机之间移动虚拟机，单击"下一步"按钮。

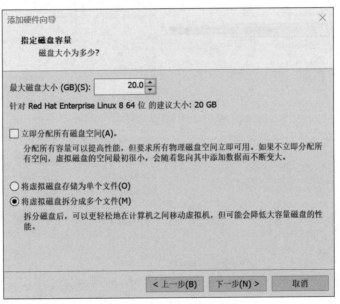

图4-5 硬盘容量

（6）设置磁盘文件的文件名和保存位置（这里采用默认设置即可，无须修改），直接单击"完成"按钮，如图4-6所示。

（7）将新硬盘添加好后，就可以看到设备信息了。这里不需要做任何修改，直接单击"确定"按钮后就可以重启虚拟机，如图4-7所示。

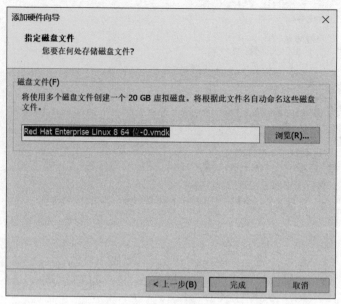

图 4 - 6　硬盘文件

图 4 - 7　完成磁盘添加

　　（8）如不重启虚拟机，系统中无法检测到新设备。只有重启后，才能通过 fdisk - l 命令查看到新设备名称，一般情况下，添加的第一个设备名称是/dev/sda，添加的第二个硬盘设备则为/dev/sdb，依次顺延。如果安装系统时使用的是固态硬盘，添加的新硬盘设备却是非固态硬盘，那么启动时需要进入 BIOS 调整硬盘启动顺序，设置从原有的固态硬盘启动，否则会提示"Operating System Not Found"，如图 4 - 8 所示。

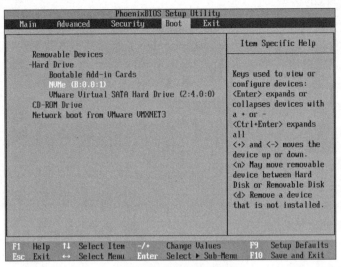

图 4-8 修改 BIOS

1. 磁盘分区

在 Linux 中有专门的分区命令 fdisk 和 parted。当磁盘分区小于 2 TB 的时候，可以使用 fdisk 命令对磁盘进行分区。现有一块 20 GB 的磁盘，需要划分 5 个分区，其中第一个主分区 6 GB，第二个主分区 2 GB，其余为扩展分区，第一个逻辑分区 4 GB，第二个逻辑分区 3 GB，其余空间（约 5 GB）都划分给第三个逻辑分区，如图 4-9 所示。

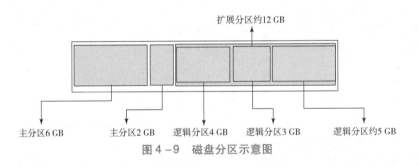

图 4-9 磁盘分区示意图

使用权限：系统管理员。

使用方式：

fdisk [选项][设备文件名]

选项：

-l：列出所有分区表。

-u 与 -l 搭配使用，显示分区数目。

子命令：

m：查看全部可用的参数。

n：添加新的分区。

d：删除某个分区信息。

l：列出所有可用的分区类型。

t：改变某个分区的类型。

p：查看分区表信息。

w：保存并退出。

-q：不保存直接退出。

范例：

```
[root@lhy ~]# fdisk -l
Disk/dev/nvme0n1:40 GiB,42949672960 字节,83886080 个扇区
单元:扇区 / 1* 512 =512 字节
扇区大小(逻辑/物理):512 字节 /512 字节
I/O 大小(最小/最佳):512 字节 /512 字节
磁盘标签类型:DOS
磁盘标识符:0x2b07da8b


设备                启动        起点        末尾        扇区      大小      Id 类型
/dev/nvme0n1p1*  2048      2099199    2097152    1G       83      Linux
/dev/nvme0n1p2   2099200   83886079   81786880   39G      8e      Linux LVM


Disk/dev/sda:20 GiB,21474836480 字节,41943040 个扇区    //发现硬盘设备
单元:扇区 / 1* 512 =512 字节
扇区大小(逻辑/物理):512 字节 /512 字节
I/O 大小(最小/最佳):512 字节 /512 字节


Disk/dev/mapper/rhel -root:37 GiB,39694893056 字节,77529088 个扇区
单元:扇区 / 1* 512 =512 字节
扇区大小(逻辑/物理):512 字节 /512 字节
I/O 大小(最小/最佳):512 字节 /512 字节


Disk/dev/mapper/rhel -swap:2 GiB,2176843776 字节,4251648 个扇区
单元:扇区 / 1* 512 =512 字节
扇区大小(逻辑/物理):512 字节 /512 字节
I/O 大小(最小/最佳):512 字节 /512 字节
[root@lhy ~]#fdisk  /dev/sda
欢迎使用 fdisk(util -linux 2.32.1)。
更改将停留在内存中,直到您决定将更改写入磁盘。
使用写入命令前请三思。
设备不包含可识别的分区表。
创建了一个磁盘标识符为 0x57711d09 的新 DOS 磁盘标签。
命令(输入 m 获取帮助):m                        //打印菜单
......
  常规
  d   删除分区
  F   列出未分区的空闲区
```

    l   列出已知分区类型
    n   添加新分区
    p   打印分区表
    t   更改分区类型
    v   检查分区表
    i   打印某个分区的相关信息
……

命令(输入 m 获取帮助):n   //创建新分区
分区类型
    p   主分区(0 个主分区,0 个扩展分区,4 空闲)
    e   扩展分区(逻辑分区容器)
选择(默认 p):   //默认创建主分区
将使用默认回应 p。
分区号(1-4,默认 1):   //默认分区编号为1
第一个扇区(2048-41943039,默认 2048):   //默认起始位置
上个扇区,+sectors 或 +size{K,M,G,T,P}(2048-41943039,默认 41943039):+6G
                                  //指定分区大小 6 GB
创建了一个新分区 1,类型为"Linux",大小为 6 GB。
命令(输入 m 获取帮助):n
分区类型
    p   主分区(1 个主分区,0 个扩展分区,3 空闲)
    e   扩展分区(逻辑分区容器)
选择(默认 p):p
分区号(2-4,默认 2):
第一个扇区(12584960-41943039,默认 12584960):
上个扇区,+sectors 或 +size{K,M,G,T,P}(12584960-41943039,默认 41943039):+2G
                                  //指定分区大小 2 GB
创建了一个新分区 2,类型为"Linux",大小为 2 GB。
命令(输入 m 获取帮助):p   //查看分区表
Disk /dev/sda:20 GiB,21474836480 字节,41943040 个扇区
单元:扇区 / 1* 512 =512 字节
扇区大小(逻辑/物理):512 字节 /512 字节
I/O 大小(最小/最佳):512 字节 /512 字节
磁盘标签类型:dos
磁盘标识符:0x57711d09

设备	启动	起点	末尾	扇区	大小	Id	类型
/dev/sda1	2048	12584959	12582912	6G	83		Linux
/dev/sda2	12584960	16779263	4194304	2G	83		Linux

命令(输入 m 获取帮助):n
分区类型
    p   主分区(2 个主分区,0 个扩展分区,2 空闲)
    e   扩展分区(逻辑分区容器)
选择(默认 p):e   //创建扩展分区

分区号(3,4,默认　3):

第一个扇区(16779264 - 41943039,默认 16779264):

上个扇区, + sectors 或 + size{K,M,G,T,P}(16779264 - 41943039,默认 41943039):

　　　　　　　　　　　　　//默认将剩余磁盘空间全部划分给扩展分区

创建了一个新分区 3,类型为"Extended",大小为 12 GB。

命令(输入 m 获取帮助):n

所有主分区的空间都在使用中。

添加逻辑分区 5

第一个扇区(16781312 - 41943039,默认 16781312):

上个扇区, + sectors 或 + size{K,M,G,T,P}(16781312 - 41943039,默认 41943039): +4G

　　　　　　　　　　　　　　//指定逻辑分区空间大小为 4 GB

创建了一个新分区 5,类型为"Linux",大小为 4 GB。

命令(输入 m 获取帮助):n

所有主分区的空间都在使用中。

添加逻辑分区 6

第一个扇区(25171968 - 41943039,默认 25171968):

上个扇区, + sectors 或 + size{K,M,G,T,P}(25171968 - 41943039,默认 41943039): +3G

　　　　　　　　　　　　　　//指定逻辑分区空间大小为 3 GB

创建了一个新分区 6,类型为"Linux",大小为 3 GB。

命

令(输入 m 获取帮助):n

所有主分区的空间都在使用中。

添加逻辑分区 7

第一个扇区(31465472 - 41943039,默认 31465472):

上个扇区, + sectors 或 + size{K,M,G,T,P}(31465472 - 41943039,默认 41943039):

　　　　　　　　　　　　　//默认将剩余磁盘空间全部划分给逻辑分区

创建了一个新分区 7,类型为"Linux",大小为 5 GB。

命令(输入 m 获取帮助):p　　　　　　　　　　　　　　　　　//查看分区表

Disk/dev/sda:20 GiB,21474836480 字节,41943040 个扇区

单元:扇区 / 1 × 512 = 512 字节

扇区大小(逻辑/物理):512 字节 /512 字节

I/O 大小(最小/最佳):512 字节 /512 字节

磁盘标签类型:dos

磁盘标识符:0x57711d09

设备	启动	起点	末尾	扇区	大小	Id	类型
/dev/sda1	2048	12584959	12582912	6G	83		Linux
/dev/sda2	12584960	16779263	4194304	2G	83		Linux
/dev/sda3	16779264	41943039	25163776	12G	5		扩展
/dev/sda5	16781312	25169919	8388608	4G	83		Linux
/dev/sda6	25171968	31463423	6291456	3G	83		Linux
/dev/sda7	31465472	41943039	10477568	5G	83		Linux

命令(输入 m 获取帮助):w　　　　　　　　　//确认无误后存盘退出

分区表已调整。

将调用 ioctl() 来重新读分区表。

正在同步磁盘。

```
[root@lhy ~]# fdisk -l /dev/sda          //查看/dev/sda 的分区情况
Disk/dev/sda:20 GiB,21474836480 字节,41943040 个扇区
单元:扇区 / 1* 512 =512 字节
扇区大小(逻辑/物理):512 字节 /512 字节
I/O 大小(最小/最佳):512 字节 /512 字节
磁盘标签类型:dos
磁盘标识符:0x57711d09
```

设备	启动	起点	末尾	扇区	大小	Id	类型
/dev/sda1	2048	12584959	12582912	6G	83		Linux
/dev/sda2	12584960	16779263	4194304	2G	83		Linux
/dev/sda3	16779264	41943039	25163776	12G	5		扩展
/dev/sda5	16781312	25169919	8388608	4G	83		Linux
/dev/sda6	25171968	31463423	6291456	3G	83		Linux
/dev/sda7	31465472	41943039	10477568	5G	83		Linux

可见，磁盘分区后，Linux 系统会自动把硬盘分区抽象成/dev/sdb1、/dev/sdb2、/dev/sdb2、/dev/sdb3、/dev/sdb5、/dev/sdb6、/dev/sdb7 设备文件。可能有人会奇怪，为什么没有/dev/sdb4？这是因为，由于主引导记录的限制，编号 1~4 自动分配给主分区和扩展分区使用，那么逻辑分区的编号只能从 5 开始，也就是磁盘分区中默认第一个逻辑分区的编号就是 5。

2. 更新分区表

partprobe 命令用于重读分区表，将磁盘分区表变化信息通知内核，请求操作系统重新加载分区表。如果删除文件后仍然提示占用空间，可以用 partprobe 在不重启的情况下重读分区。可以输入 partprobe 命令手动将分区信息同步到内核，而且一般推荐连续两次执行该命令，效果会更好。

使用权限：系统管理员。

使用方式：

partprobe [选项]

选项：

-d：不更新内核。

-s：显示摘要和分区。

-h：显示帮助信息。

-v：显示版本信息。

范例：

```
[root@lhy ~]#partprobe          //建议执行两次
```

3. 磁盘分区格式化

Linux 下的 mkfs（make file system）命令用于在特定的分区上建立 Linux 文件系统。该命

令用于在磁盘分区上创建 ext2、ext3、ext4、ms-dos、vfat、xfs 等文件系统。

前面已经建立了/dev/sda1（主分区）、/dev/sda2（主分区）、/dev/sda3（扩展分区）、/dev/sda5（逻辑分区）、/dev/sda6（逻辑分区）和/dev/sdb7（逻辑分区）这几个分区，其中，/dev/sda3 是扩展分区不能被格式化。剩余的三个分区都需要格式化之后使用，这里以格式化/dev/sda 的分区作为演示，其余分区的格式化方法一样。

使用权限：系统管理员。

使用方式：

mkfs ［选项］［设备］

选项：

device：预备检查的硬盘分区，例如：/dev/sdb1。

-t：给定文件系统的形式，Linux 的预设值为 ext2。

-V：详细显示模式。

-c：在制作文件系统前，检查该 partition 是否有坏轨。

-l bad_blocks_file：将有坏轨的 block 资料加到 bad_blocks_file 里面。

block：给定 block 的大小。

范例：

```
[root@lhy ~]#mkfs.xfs   /dev/sda1
meta-data=/dev/sda1        isize=512       agcount=4,agsize=393216 blks
         =                 sectsz=512      attr=2,projid32bit=1
         =                 crc=1           finobt=1,sparse=1,rmapbt=0
         =                 reflink=1       bigtime=0 inobtcount=0
data     =                 bsize=4096      blocks=1572864,imaxpct=25
         =                 sunit=0         swidth=0 blks
naming   =version 2        bsize=4096      ascii-ci=0,ftype=1
log      =internal log     bsize=4096      blocks=2560,version=2
         =                 sectsz=512      sunit=0 blks,lazy-count=1
realtime =none             extsz=4096      blocks=0,rtextents=0
[root@lhy ~]# mkfs -t xfs/dev/sda5
meta-data=/dev/sda5        isize=512       agcount=4,agsize=262144 blks
         =                 sectsz=512      attr=2,projid32bit=1
         =                 crc=1           finobt=1,sparse=1,rmapbt=0
         =                 reflink=1       bigtime=0 inobtcount=0
data     =                 bsize=4096      blocks=1048576,imaxpct=25
         =                 sunit=0         swidth=0 blks
naming   =version 2        bsize=4096      ascii-ci=0,ftype=1
log      =internal log     bsize=4096      blocks=2560,version=2
         =                 sectsz=512      sunit=0 blks,lazy-count=1
realtime =none             extsz=4096      blocks=0,rtextents=0
```

根据以上命令可分别对其余已有分区进行格式化，此处不再逐一演示。

4. 挂载分区

磁盘被格式化后，想要在磁盘分区中随意存取数据前，还需要进行挂载，第一步要确保挂载点是存在的。如果没有，就需要创建挂载点。这里分别以主分区/dev/sda1 和逻辑分区/dev/sda5 为例，创建挂载点。

```
[root@lhy ~]# mkdir /primary
[root@lhy ~]# mkdir /logical
[root@lhy ~]# mount /dev/sda1 /primary/
[root@lhy ~]# mount /dev/sda5 /logical/
[root@lhy ~]# df -h |grep sda*
/dev/sda1              6.0G   76M  6.0G   2% /primary
/dev/sda5              4.0G   61M  4.0G   2% /logical
```

之后便可以通过访问/primary 和/logical 目录来达到使用磁盘分区的目的。

5. 自动挂载

以上是临时挂载，当重启系统后，之前建立的对应关系便消失了，因此，还需要将对应关系写入/etc/fstab 文件中，此处还是以主分区/dev/sda1 和逻辑分区/dev/sda5 为例进行演示。

```
[root@lhy ~]# echo "/dev/sda1 /primary xfs defaults 0 0" >>/etc/fstab
[root@lhy ~]# echo "/dev/sda5 /logical xfs defaults 0 0" >>/etc/fstab
[root@lhy ~]# mount -a
```

任务 2 LVM 逻 辑 卷

任务目标

由于前期规划不充分，导致公司服务器的磁盘分区规划得不够合理，有的分区将要耗尽，有的分区还有大量空余，虽然可以使用符号链接或者使用调整分区大小的工具来解决，但这都是暂时的解决办法，因为每次出现类似情况都要重新引导系统，这时生产环境下要避免的情况。综合以上情况，公司的网络管理员决定使用逻辑卷（LVM）来实现分区的弹性调整，从而在无须停机的情况下方便调整各个分区大小，并能方便地实现文件系统跨越不同磁盘和分区。

4.3 知识链接：LVM 简介

4.3.1 什么是 LVM

标准磁盘管理是由磁盘本身来管理维护，这样的坏处是配置好后就无法再修改，现实环境中带来了很大的不便，LVM 逻辑卷就是为解决这样的问题而出现的。

LVM（Logical Volume Manager，逻辑盘卷管理）是 Linux 环境下对磁盘分区进行管理的一种机制，LVM 是建立在硬盘和分区之上的一个逻辑层，用来提高磁盘分区管理的灵活性。通过 LVM，系统管理员可以轻松管理磁盘分区，例如将若干磁盘分区链接为一个整体的卷组（Volume Group），形成一个存储池。管理员可以在卷组上随意创建逻辑卷组（Logical Volumes），并进一步在逻辑卷组上创建文件系统。管理员通过 LVM 可以方便地调整存储卷组的大小，并且可以对磁盘存储按照组的方式进行命名、管理和分配，而且当系统添加了新的磁盘时，利用 LVM，管理员就不必通过将磁盘的文件移动到新的磁盘上来充分利用新的存储空间，而是直接扩展文件系统跨越磁盘即可。

4.3.2　LVM 相关术语

LVM 是在磁盘分区和文件系统之间添加的一个逻辑层，作用是为文件系统屏蔽下层磁盘分区布局，提供一个抽象的盘卷，在盘卷上建立文件系统。首先介绍以下几个 LVM 术语：

（1）物理存储介质（The physical media）：这里指系统的存储设备（硬盘），如 dev/hdal、/dev/sda 等，是存储系统最低层的存储单元。

（2）物理卷（PV）：物理卷就是指硬盘分区或从逻辑上与磁盘分区具有同样功能的设备（如 RAID），是 LVM 的基本存储逻辑块。

（3）卷组（VG）：LVM 卷组类似于非 LVM 系统中的物理硬盘，其由物理卷组成。可以在卷组上创建一个或多个"LVM 分区"（逻辑卷），LVM 卷组由一个或多个物理卷组成。

（4）逻辑券（LV）：LVM 的逻辑卷类似于非 LVM 系统中的硬盘分区，在逻辑之上可以建立文件系统（如/home 或/usr 等）。

（5）物理块（PE）：每一个物理卷被划分为称为 PE 的基本单元，具有唯一编号的 PE 是可以被 LVM 寻址的最小单元。PE 的大小是可配置的，默认为 4 MB。

（6）逻辑块（LE）：逻辑卷被划分为称为 LE 的可被寻址的基本单位。在同一个卷组中，LE 的大小和 PE 是相同的，并且一一对应。

简单来说，就是：

- PV：是物理的磁盘分区。
- VG：LVM 中物理的磁盘分区，也就是 PV 必须加入 VG，可以将 VG 理解为一个仓库或者是几个大的硬盘。
- LV：也就是从 VG 中划分的逻辑分区。

PV、VG、LV 三者之间的关系如图 4-10 所示，先由若干 PV 构成 VG，再在 VG 上创建一个或多个 LV。

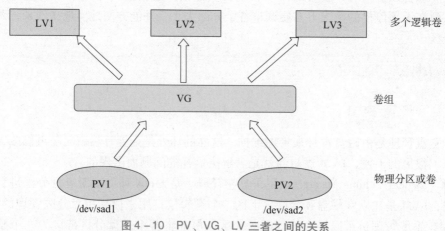

图 4-10　PV、VG、LV 三者之间的关系

部署时，需要逐个配置物理卷、卷组和逻辑卷，常用的部署命令见表 4-2。

表 4-2 常用的 LVM 部署命令

功能/命令	物理卷管理	卷组管理	逻辑卷管理
扫描	pvscan	vgscan	lvscan
建立	pvcreate	vgcreate	lvcreate
显示	pvdisplay	vgdisplay	lvdisplay
删除	pvremove	vgremove	lvremove
扩展		vgextend	lvextend
缩小		vgreduce	lvreduce

4.4 任务实施：创建及管理 LVM 逻辑卷

添加一块新硬盘/dev/sdb，磁盘大小为 20 GB，磁盘空间划分如图 4-11 所示，前面已经介绍过如何进行基本磁盘分区，此处不再赘述。

图 4-11 磁盘/dev/sdb 分区示意图

完成后，查看/dev/sdb 磁盘的分区如下：

```
[root@lihy ~]# fdisk -l /dev/sdb
Disk/dev/sdb:20 GiB,21474836480 字节,41943040 个扇区
单元:扇区 / 1×512 =512 字节
扇区大小(逻辑/物理):512 字节 /512 字节
I/O 大小(最小/最佳):512 字节 /512 字节
磁盘标签类型:dos
磁盘标识符:0x4ceefbf6
设备          启动        起点        末尾        扇区    大小    Id 类型
/dev/sdb1    2048       10487807    10485760    5G      83     Linux
/dev/sdb2    10487808   20973567    10485760    5G      83     Linux
/dev/sdb3    20973568   31459327    10485760    5G      83     Linux
/dev/sdb4    31459328   41943039    10483712    5G      83     Linux
```

物理卷可以建立在整个物理硬盘上，也可以建立在硬盘分区中。如在整个硬盘上建立物理卷，则不要在该硬盘上建立任何分区；如使用硬盘分区建立物理卷，则需事先对硬盘进行分区，并设置该分区为 LVM 类型，其类型 ID 为 0x8e。

```
利用 fdisk 命令在 /dev/sdb 上建立 LVM 分区。
[root@ lihy ~]# fdisk /dev/sdb
……
```

```
命令(输入 m 获取帮助):t                    //修改磁盘分区类型
分区号(1-4,默认  4):1
Hex 代码(输入 L 列出所有代码):8e          //指定分区类型为 LVM
已将分区"Linux"的类型更改为"Linux LVM"。
命令(输入 m 获取帮助):p
Disk/dev/sdb:20 GiB,21474836480 字节,41943040 个扇区
单元:扇区 / 1* 512 =512 字节
扇区大小(逻辑/物理):512 字节 /512 字节
I/O 大小(最小/最佳):512 字节 /512 字节
磁盘标签类型:dos
磁盘标识符:0x4ceefbf6
```

设备	启动	起点	末尾	扇区	大小	Id	类型
/dev/sdb1	2048	10487807	10485760	5G	83	**Linux LVM**
/dev/sdb2	10487808	20973567	10485760	5G	83	Linux
/dev/sdb3	20973568	31459327	10485760	5G	83	Linux
/dev/sdb4	31459328	41943039	10483712	5G	83	Linux

通过以上方法将/dev/sdb1 的分区类型修改为 LVM，使用同样方法将/dev/sdb2、/dev/sdb3 和/dev/sdb4 全部修改为 LVM 类型，最后使用 w 子命令保存修改并退出 fdisk 命令模式。

1. 物理卷、卷组、逻辑卷的创建

1) 创建物理卷

使用 pvcreate 命令可以在已经创建好的分区上建立物理卷。物理卷直接建立在物理硬盘或者硬盘分区上，所以物理卷的设备文件使用系统中现有的硬盘分区设备文件的名称。

```
[root@lihy ~]# pvcreate  /dev/sdb1
  Physical volume "/dev/sdb1" successfully created.
[root@lihy ~]# pvdisplay  /dev/sdb1
  "/dev/sdb1" is a new physical volume of "5.00 GiB"
  ---NEW Physical volume---
  PV Name              /dev/sdb1
  VG Name
  PV Size              5.00 GiB
  Allocatable          NO
  PE Size              0
  Total PE             0
  Free PE              0
  Allocated PE         0
  PV UUID              JYEjdz -88pT -1KVp -KNNv -bMjD -qjgl -1Wnznh
```

使用同样的方法建立/dev/sdb2、/dev/sdb3 和/dev/sdb4 的物理卷，通过命令 pvs 和 pvscan 可以显示当前系统的物理卷，请学习者自行查看。

2) 创建卷组

在创建好物理卷后，可以使用 vgcreate 命令建立卷组，vg 是 volume group 的缩写。卷组设备文件使用/dev 目录下与卷组同名的目录表示（如卷组名为 vg0，则其完整路径为/dev/

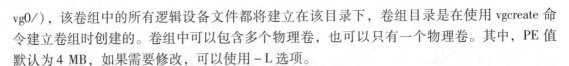

vg0/），该卷组中的所有逻辑设备文件都将建立在该目录下，卷组目录是在使用 vgcreate 命令建立卷组时创建的。卷组中可以包含多个物理卷，也可以只有一个物理卷。其中，PE 值默认为 4 MB，如果需要修改，可以使用 –L 选项。

```
[root@ lihy ~]# vgcreate vg0  /dev/sdb1  /dev/sdb2      /* 卷组 vg0 中包含/dev/sdb1 和 sdb2*/
  Physical volume "/dev/sdb2" successfully created.
  Volume group "vg0" successfully created
[root@ lihy ~]# vgcreate vg1  /dev/sdb3              //卷组 vg1 中包含/dev/sdb3
  Physical volume "/dev/sdb3" successfully created.
  Volume group "vg1" successfully created
```

同样，可以使用命令 vgs 和 vgscan 显示当前系统的卷组，此处略去。

3）创建逻辑卷

创建好卷组后，可以使用 lvcreate 命令在已有卷组上创建逻辑卷，lv 是 logical volume 的缩写。逻辑卷设备文件位于其所在的卷组目录（如上例中的/dev/vg0/）中，该文件是在使用 lvcreate 命令创建逻辑卷时建立的。

```
[root@ lihy ~]# lvcreate -L 8G -n lv0 vg0
  Logical volume "lv0" created.
[root@ lihy ~]# lvcreate -L 2G -n lv1 vg1
  Logical volume "lv1" created.
```

命令 lvcreate 中的 –L 选项用于设置逻辑卷大小，–n 参数用于指定逻辑卷的名称和卷组的名称。命令 lvs 和 lvscan 可以用于查看逻辑卷。

2. 管理 LVM

1）卷组的管理

● 添加磁盘分区

当卷组中没有足够的空间分配给逻辑卷时，可以用给卷组增加物理卷的方法来增加卷组的空间。需要注意的是，添加的新分区可以是其他磁盘的分区（如/dev/sdc1），必须是 LVM 类型，且已是物理卷。

```
[root@ lihy ~]# vgextend vg0  /dev/sdb4
  Physical volume "/dev/sdb4" successfully created.
```

● 删减磁盘分区

vgreduce 命令通过删除 LVM 卷组中的物理卷来减少卷组容量。不能删除 LVM 卷组中剩余的最后一个物理卷。

```
[root@ lihy ~]# vgreduce vg0  /dev/sdb4
  Removed "/dev/sdb4" from volume group "vg0"
```

2）逻辑卷的管理

● 增加逻辑卷容量

当逻辑卷的空间不能满足要求时，可以利用 lvextend 命令把卷组中的空闲空间分配到该逻辑卷，以扩展逻辑卷的容量。当逻辑卷的空闲空间太大时，可以使用 lvcreate 命令减少逻辑卷的容量。

```
[root@lihy ~]# lvextend -L +1G /dev/vg0/lv0
   Size of logical volume vg0/lv0 changed from 8.00 GiB(2048 extents)to 9.00 GiB
(2304 extents).
   Logical volume vg0/lv0 successfully resized.
[root@lihy ~]# lvs
   LV   VG   Attr   LSize   Pool Origin Data%   Meta%   Move Log Cpy%Sync Convert
   rootrhel -wi -ao ---- <36.97g
   swap rhel -wi -ao ----   <2.03g
   lv0  vg0 -wi -a -----   9.00g        //查看到 lv0 的容量已经减少到 9GB
   lv1  vg1 -wi -a -----   2.00g
```

- 减少逻辑卷容量

当逻辑卷的空闲空间太大时，可以使用 lvreduce 命令减少逻辑卷的容量。

```
[root@lihy ~]# lvreduce -L -1G /dev/vg1/lv1
   WARNING:Reducing active logical volume to 1.00 GiB.
   THIS MAY DESTROY YOUR DATA(filesystem etc. )
Do you really want to reduce vg1/lv1? [y/n]:y
   Size of logical volume vg1/lv1 changed from 2.00 GiB(512 extents)to 1.00 GiB(256
extents).
   Logical volume vg1/lv1 successfully resized.
[root@lihy ~]# lvs
LV   VG   Attr   LSize   Pool Origin Data%   Meta%   Move Log Cpy%Sync Convert
rootrhel -wi -ao ---- <36.97g
swap rhel -wi -ao ----   <2.03g
lv0  vg0 -wi -a -----   9.00g
   lv1  vg1 -wi -a -----   1.00g        //查看到 lv1 的容量已经减少到 1 GB
```

3. 物理卷、卷组、逻辑卷的检查

1）检查物理卷 pvscan 命令

```
[root@lihy ~]# pvscan
   PV/dev/sdb3        VG vg1        lvm2[ <5.00 GiB/ <4.00 GiB free]
   PV/dev/sdb1        VG vg0        lvm2[ <5.00 GiB/0     free]
   PV/dev/sdb2        VG vg0        lvm2[ <5.00 GiB/1016.00 MiB free]
   PV/dev/nvme0n1p2   VG rhel       lvm2[ <39.00 GiB/0     free]
   PV/dev/sdb4                      lvm2[ <5.00 GiB]
   Total:5[58.98 GiB]/in use:4[53.98 GiB]/in no VG:1[ <5.00 GiB]
```

2）检查卷组 vgscan 命令

```
[root@lihy ~]# vgscan
   Found volume group "vg1" using metadata type lvm2
   Found volume group "vg0" using metadata type lvm2
   Found volume group "rhel" using metadata type lvm2
```

3）检查逻辑卷 vgscan 命令

```
[root@ lihy ~]# vgscan
  Found volume group "vg1" using metadata type lvm2
  Found volume group "vg0" using metadata type lvm2
  Found volume group "rhel" using metadata type lvm2
```

4. 为逻辑卷创建文件系统并加载使用

1）格式化逻辑卷

目前 RHEL 7 以上版本的文件系统主要使用 xfs，可以使用 mkfs 命令完成格式化。

```
[root@ lihy ~]# mkfs.xfs /dev/vg0/lv0
meta-data=/dev/vg0/lv0          isize=512    agcount=4,agsize=589824 blks
......
[root@ lihy ~]# mkfs.xfs /dev/vg1/lv1
meta-data=/dev/vg1/lv1          isize=512    agcount=4,agsize=65536 blks
......
```

2）挂载逻辑卷

参考前面介绍的挂载文件系统，首先要创建挂载点，再将逻辑卷挂载到挂载点上。

```
[root@ lihy ~]# mkdir /lv0
[root@ lihy ~]# mkdir /lv1
[root@ lihy ~]# mount /dev/vg0/lv0 /lv0
[root@ lihy ~]# mount /dev/vg1/lv1 /lv1
[root@ lihy ~]# touch /lv0/file0
[root@ lihy ~]# touch /lv1/file1
```

5. 删除逻辑卷、卷组和物理卷

删除时，必须按照逻辑卷、卷组、物理卷的顺序进行删除。

```
[root@ lihy ~]# umount /dev/vg0/lv0              //卸载逻辑卷
[root@ lihy ~]# lvremove /dev/vg0/lv0            //删除逻辑卷
Do you really want to remove active logical volume vg0/lv0? [y/n]:y
  Logical volume "lv0" successfully removed.
[root@ lihy ~]# vgremove vg0                      //删除卷组
  Volume group "vg0" successfully removed.
[root@ lihy ~]# pvremove /dev/sdb1 /dev/sdb2 /dev/sdb4
  Labels on physical volume "/dev/sdb1" successfully wiped.
  Labels on physical volume "/dev/sdb2" successfully wiped.
  Labels on physical volume "/dev/sdb4" successfully wiped.
```

【课后练习】

1. 将/dev/sdb1 格式化为 xfs 的命令是（   ）。

A. mkfs.xfs /dev/sdb1   B. mkfs -type xfs /dev sdb1

C. mkfs -t ext4 sdb1   D. mkfs.xfs sdb1

2. 在 Linux 中创建分区的命令是（　　　）。

A. fdisk　　　　　　　B. mkfs　　　　　　　C. format　　　　　　D. makefile

3. 在 Linux 中，第一块 SATA 磁盘的名字为（　　）。

A. /dev/sab　　　　　　B. /dev/sda　　　　　C. /etc/sda　　　　　D. /etc/sad

4. 已知/dev/sdb2 设备挂载在/mnt 文件夹下，卸载该设备的方法是（　　　）。

A. umount/dev/sdb　　B. umount/mnt　　　　C. umount/dev　　　　D. umount *

5. 挂载 Windows 共享资源时，使用的文件系统类型为（　　　）。

A. NTFS　　　　　　　B. FAT16　　　　　　C. FAT32　　　　　　D. cifs

6. 下列（　　　）文件的内容为当前已挂载文件系统的列表。

A. /etc/inittab　　　　B. /etc/profile　　　　C. /etc/mtab　　　　D. /etc/fstab

7. /etc/fstab 文件中，其中一行如下所示，在此文件中，表示挂载点的是（　　　）列信息。

```
/dev/hda1  /  ext3  defaults  1  2
```

A. 4　　　　　　　　　B. 5　　　　　　　　　C. 3　　　　　　　　D. 2

8. Linux 的文件名不宜采用一些符号，如空格、"/"等。其中，"."也不宜作为普通文件的第一个字符，是因为（　　　）。

A. 以"."开头的为非法文件名　　　　　B. 以"."开头的为隐藏文件

C. 以"."开头的只能用于目录的命名　　D. 以"."开头的为设备文件

9. Linux 规定了四种文件类型：普通文件、目录文件、链接文件和（　　　）。

A. 特殊文件　　　　　B. 目录文件　　　　　C. 设备文件　　　　　D. 系统文件

项目五

软件包的使用

知识目标

1. 了解 TAR 包和压缩的区别。
2. 熟悉压缩文件的扩展名和 RPM 软件包的命名格式。
3. 了解软件包的安装原理及软件包的依赖性问题。

技能目标

1. 会打包、解包和查看包详情等操作。
2. 会使用 gzip 和 bzip2 等命令对文件及目录进行压缩、解压及查看详情等操作。
3. 能使用 RPM 等工具进行软件包的安装、卸载、升级、查看等操作。
4. 会通过 DNF 解决软件包的依赖性问题，从而安装、卸载、升级、查看指定软件包和软件组。

素养目标

能够按照职业规范完成任务实施。

项目介绍

在对 Linux 操作系统的使用和操作过程中，需要经常安装、卸载和升级各种应用软件。为便于软件的安装、更新和卸载，这些软件会按一定格式进行封装（打包）后供用户安装。目前 RHEL 8 软件的安装包有 RPM 包和 TAR 包两种。通常，用 RPM 打包的是可执行程序，而用 TAR 打包的则是源程序。并且为了解决软件包安装过程中的依赖问题，从而简化安装的复杂度，还需要搭建 DNF 源，并使用 DNF 安装软件包或软件组。

任务1　文档的归档与压缩

任务目标

公司的服务器经过优化服务、合理分配和调度系统的资源，已经高效、稳定地运行了。但是作为网络操作系统，必然要承载各类常用的网络服务，如 Samba 服务、Apache 服务、FTP 服务等，这些服务均需手动安装或卸载，所以掌握如何方便快捷地安装该服务是本项目的重点。

5.1　知识链接：归档与压缩

1. 归档

归档是与压缩操作配合使用的一个常用文件管理任务。归档，也称为打包，指的是一个文件或目录的集合，而这个集合被存储在一个文件中。归档文件没有经过压缩，因此，它占用的空间是其中所有文件和目录的总和。归档通常作为系统备份的一部分，也用于将旧数据从某个系统移到某些长期存储设备的情况。

2. 压缩

和归档文件类似，压缩文件也是一个文件和目录的集合，且这个集合也被存储在一个文件中，但它们的不同之处在于，压缩文件采用了不同的存储方式，使其所占用的磁盘空间比集合中所有文件大小的总和要小。

压缩是指利用算法将文件进行处理，已达到保留最大文件信息，而让文件体积变小的目的。其基本原理为，通过查找文件内的重复字节，建立一个相同字节的词典文件，并用一个代码表示。比如，在压缩文件中，有不止一处出现了"Linux 操作系统"，那么，在压缩文件时，这个词就会用一个代码表示并写入词典文件，这样就可以实现缩小文件体积的目的。

由于计算机处理的信息是以二进制的形式表示的，因此，压缩软件就是把二进制信息中相同的字符串以特殊字符标记，只要通过合理的数学计算，文件的体积就能够被大大压缩。把一个或者多个文件用压缩软件进行压缩，形成一个文件压缩包，既可以节省存储空间，又方便在网络上传送。

采用压缩工具对文件进行压缩，生成的文件称为压缩包，该文件的体积通常只有源文件的一半甚至更小。需要注意的是，压缩包中的数据无法直接使用，使用前需要利用压缩工具将文件数据还原，此过程又称解压缩。

5.2　任务实施：归档与压缩文档

5.2.1　TAR 包的管理

TAR 命令可以为 Linux 操作系统下的文件和目录进行归档。利用 TAR，可以为某一特定文件创建档案（备份文件），也可以在档案中改变文件，或者向档案中加入新的文件。TAR

最初被用来在磁带上创建档案，现在，用户可以在任何设备上创建档案。利用 TAR 命令，可以把多个文件和目录全部打包成一个文件，以便在网络中进行传输。

使用权限：所有使用者。

使用方式：

tar 选项 档案名［文件］

选项：

-c：创建归档文件。

-x：释放文档。

-v：显示详细信息。

-f：文件名（可带路径）。

-z：使用 gzip 压缩。

-j：使用 bzip2 压缩。

范例：

```
[root@ lhy ~]# cd /
[root@ lhy/]# tar -cvf /root/file.tar file*
file1
file2
file3
[root@ lhy/]# cd
[root@ lhy ~]# tar -xvf file.tar
file1
file2
file3
[root@ lhy ~]# ll file*
-rw-r--r--.1 root root      0 2 月  6 12:30 file
-rw-r--r--.1 root root      4 5 月  8 17:41 file1
-rw-r--r--.1 root root      4 5 月  8 17:41 file2
-rw-r--r--.1 root root      4 5 月  8 17:41 file3
-rw-r--r--.1 root root 10240 5 月  8 17:42 file.tar
```

5.2.2 压缩命令

常用的压缩命令有很多，比如 gzip、bzip2 等。

1. gzip 压缩命令

gzip 是 Linux 系统中经常用来对文件进行压缩和解压缩的命令，通过此命令压缩得到的新文件，其扩展名通常标记为 .gz。gzip 命令只能用来压缩文件，不能压缩目录，即便指定了目录，也只能压缩目录内的所有文件。

使用权限：所有使用者。

使用方式：

gzip［选项］源文件

选项：

－c：将压缩数据输出到标准输出中，并保留源文件。

－d：对压缩文件进行解压缩。

－r：递归压缩指定目录下以及子目录下的所有文件。

－v：对于每个压缩和解压缩的文件，显示相应的文件名和压缩比。

－l：对每一个压缩文件，显示以下字段：

- 压缩文件的大小；
- 未压缩文件的大小；
- 压缩比；
- 未压缩文件的名称。

－数字：用于指定压缩等级：

- 1：压缩等级最低，压缩比最差；
- 9：压缩比最高
- 6：默认压缩比。

范例：

```
[root@ lhy test]# ll
总用量 4
-rw-r--r--.1 root root 2509 5 月    9 14:17 hello.py
[root@ lhy test]# gzip hello.py
[root@ lhy test]# ll
总用量 4
-rw-r--r--.1 root root 1017 5 月    9 14:17 hello.py.gz
[root@ lhy test]# gzip -d hello.py.gz                //gunzip 也可以实现解压的功能
[root@ lhy test]# ll
总用量 4
-rw-r--r--.1 root root 2509 5 月    9 14:17 hello.py
[root@ lhy test]# tar -zxvf hello.py.tar.gz        /* tar 命令加 z 选项可实现 gzip
压缩功能*/
hello.py
[root@ lhy test]# ll
总用量 8
-rw-r--r--.1 root root 2509 5 月    9 14:17 hello.py
-rw-r--r--.1 root root 1118 5 月    9 14:31 hello.py.tar.gz
[root@ lhy test]# cd
[root@ lhy test]# tar -zxvf ./test/hello.py.tar.gz    /* tar 命令加 z 选项可实现 gz-
ip 解压功能*/
hello.py
[root@ lhy test]# ll hello.py
-rw-r--r--.1 root root 2509 5 月    9 14:17 hello.py
```

2. bzip2 压缩命令

bzip2 命令同 gzip 命令类似，只能对文件进行压缩（或解压缩），对于目录，只能压缩

（或解压缩）该目录及子目录下的所有文件。当执行压缩任务完成后，会生成一个以 . bz2 为后缀的压缩包。. bz2 格式是 Linux 的另一种压缩格式，从理论上来讲，. bz2 格式的算法更先进，压缩比更好；而 . gz 格式相对来讲时间更快。

　　使用权限：所有使用者。

　　使用方式：

bgzip2 ［选项］源文件

　　选项：

　　- d：执行解压缩，此时该选项后的源文件应为标记有 . bz2 后缀的压缩包文件。

　　- k：bzip2 在压缩或解压缩任务完成后，会删除原始文件，若要保留原始文件，可使用此选项。

　　- f：bzip2 在压缩或解压缩时，若输出文件与现有文件同名，默认不会覆盖现有文件，若使用此选项，则会强制覆盖现有文件。

　　- t：测试压缩包文件的完整性。

　　- v：压缩或解压缩文件时，显示详细信息。

　　- 数字：这个参数和 gzip 命令的作用一样，用于指定压缩等级。- 1 压缩等级最低，压缩比最差；- 9 压缩比最高。

　　范例：

```
[root@ lhy test]# ll world. py
- rw - r ------. 1 root root 7046 5 月  10 10:52 world. py
[root@ lhy test]# bgzip2 world. py
bash:bgzip2:未找到命令…
[root@ lhy test]# bzip2 world. py
[root@ lhy test]# ll world*
- rw - r ------. 1 root root 2373 5 月  10 10:52 world. py. bz2
[root@ lhy test]# bzip2 - d world. py. bz2            //bunzip2 命令也可以实现解压功能
[root@ lhy test]# ll world*
- rw - r ------. 1 root root 7046 5 月  10 10:52 world. py
[root@ lhy test]# tar - jcvf world. tar. gz world. py  /* tar 命令加 j 选项可实现 bzip2
压缩功能*/
world. py
[root@ lhy test]# ll world*
- rw - r ------. 1 root root 7046 5 月  10 10:52 world. py
- rw - r -- r --. 1 root root 2477 5 月  10 10:59 world. tar. gz
[root@ lhy test]# cd
[root@ lhy ~ ]# tar - jxvf ./test/world. tar. gz        /* tar 命令加 j 选项可实现 bzip2
解压功能*/
world. py
[root@ lhy ~ ]# ll world*
- rw - r ------. 1 root root 7046 5 月  10 10:52 world. py
```

任务 2　软件包管理

大多数现代的类 UNIX 操作系统都提供了一种中心化的机制用来搜索和安装软件。软件通常存放在存储库中，并通过包的形式进行分发。

5.3　知识链接：什么是软件包

Linux 下的软件包可细分为两种，分别是源码包和二进制包。

5.3.1　源码包

源码包就是一大堆源代码程序，是由程序员按照特定的格式和语法编写出来的。

众所周知，计算机只能识别机器语言，也就是二进制语言，所以源码包的安装需要一名"翻译官"将"abcd"翻译成二进制语言，这名"翻译官"通常被称为编译器。"编译"指的是从源代码到直接被计算机（或虚拟机）执行的目标代码的翻译过程，编译器的功能就是把源代码翻译为二进制代码，让计算机识别并运行。

虽然源码包免费开源，但用户不会编程怎么办？一大堆源代码程序不会使用怎么办？源码包容易安装吗？这些都是使用源码包安装方式无法解答的问题。另外，由于源码包的安装需要把源代码编译为二进制代码，因此安装时间较长。

通过对比会发现，源码包的编译是很费时间的，况且绝多大数用户并不熟悉程序语言，在安装过程中我们只能祈祷程序不要报错，否则初学者很难解决。

为了解决使用源码包安装方式的这些问题，Linux 软件包的安装出现了使用二进制包的安装方式。

5.3.2　Linux 二进制包

二进制包，也就是源码包经过成功编译之后产生的包。由于二进制包在发布之前就已经完成了编译的工作，因此用户安装软件的速度较快（同 Windows 下安装软件速度相当），且安装过程报错概率大大减小。

二进制包是 Linux 下默认的软件安装包，因此二进制包又被称为默认安装软件包。目前主要有以下两大主流的二进制包管理系统。

● RPM 包管理系统：功能强大，安装、升级、查询和卸载非常简单方便，因此很多 Linux 发行版都默认使用此机制作为软件安装的管理方式，例如 Fedora、CentOS、SuSE 等。

● DPKG 包管理系统：由 Debian Linux 所开发的包管理机制，通过 DPKG 包，Debian Linux 就可以进行软件包管理，主要应用在 Debian 和 Ubuntu 中。

RPM 包管理系统和 DPKG 包管理系统的原理和形式大同小异，可以触类旁通。由于本教材使用的是 CentOS 8.x 版本，因此本节主要讲解 RPM 二进制包。

5.3.3　RPM 软件包

RPM 命令来自英文词组"Red Hat Package Manager"的缩写，中文译为"红帽软件包管理器"。RPM 包提供了操作系统的基本组件，以及共享的库、应用程序、服务和文档。

包管理系统除了安装软件外，还提供了工具来更新已经安装的包。包存储库有助于确保你的系统中使用的代码是经过审查的，并且软件的安装版本已经得到了开发人员和包维护人员的认可。

大多数包系统都是围绕包文件的集合构建的。包文件通常是一个存档文件，它包含已编译的二进制文件和软件的其他资源，以及安装脚本。包文件同时也包含有价值的元数据，包括它们的依赖项，以及安装和运行它们所需的其他包的列表。

RPM 二进制包的命名需遵守统一的命名规则，用户通过名称就可以直接获取这类包的版本、适用平台等信息。例如：

```
bash-4.4.20-4.el8_6.x86_64.rpm
```

该软件包中包含了以下信息：

包名-版本号-发布次数-发行商-Linux平台-适合的硬件平台-包扩展名

其中：
- bash：软件的名称。
- 4.1.20：软件的版本号。
- 4：软件发布次数。
- el8_6：软件发行商，el8 表示此包是由 Red Hat 公司发布的。
- x86_64：硬件平台，表示适用于 64 位系统。
- rpm：文件扩展名，表明这是编译好的二进制包，可以使用 RPM 命令直接安装。此外，还有以 src.rpm 作为扩展名的 RPM 包，这表明是源代码包，需要安装生成源码，然后对其编译并生成 RPM 格式的包，最后才能使用 RPM 命令进行安装。

5.4 任务实施：软件包的管理

使用 RPM 安装软件包前，首先要确保已经获取了相应的软件包。

RPM 包采用系统默认的安装路径，所有安装文件会按照类别分散安装到表 5-1 所列的目录中。

表 5-1 RPM 包默认安装路径

安装路径	含义
/etc/	配置文件安装目录
/usr/bin/	可执行的命令安装目录
/usr/lib/	程序所使用的函数库保存位置
/usr/share/doc/	基本的软件使用手册保存位置
/usr/share/man/	帮助文件保存位置

RPM 命令的参数众多，此处将对常用参数进行介绍。具体使用方法如下：

使用权限：系统管理员。

使用方式：

rpm - ivh 包全名

选项：

-a：显示所有软件包。

-c：仅显示组态配置文件。

-d：仅显示文本文件。

-e：卸载软件包。

-f：显示文件或命令属于哪个软件包。

-h：安装软件包时显示标记信息。

-i：安装软件包。

-l：显示软件包的文件列表。

-p：显示指定的软件包信息。

-q：显示指定软件包是否已安装。

-R：显示软件包的依赖关系。

-s：显示文件状态信息。

-U：升级软件包。

-v：显示执行过程信息。

-v：显示执行过程详细信息。

范例：

```
[root@ lhy ~]# rpm - qa | grep telnet - server
[root@ lhy ~]# ls *.rpm
telnet - server - 0.17 - 76. el8. x86_64. rpm
[root@ lhy ~]# rpm - ivh telnet - server - 0.17 - 76. el8. x86_64. rpm
警告:telnet - server - 0.17 - 76. el8. x86_64. rpm:头 V3 RSA/SHA256 Signature,密钥 ID……
Verifying...                     ###############################[100%]
准备中...                         ###############################[100%]
正在升级/安装...
   1:telnet - server - 1:0.17 - 76. el8      ###############################[100%]
[root@ lhy Packages]# rpm - Uvh vsftpd - 3.0.3 - 35. el8. x86_64. rpm
警告:vsftpd - 3.0.3 - 35. el8. x86_64. rpm:头 V3 RSA/SHA256 Signature,密钥 ID fd4……
Verifying...                     ###############################[100%]
准备中...                         ###############################[100%]
正在升级/安装...
   1:vsftpd - 3.0.3 - 35. el8              ###############################[100%]
[root@ lhy Packages]# rpm - e vsftpd
[root@ lhy Packages]# rpm - qa |grep vsftpd
```

任务3 DNF 的使用

任务目标

DNF 是新一代的 RPM 软件包管理器，首先出现在 Fedora 18 这个发行版中。之后，它取代了 YUM，正式成为 Fedora 22 的包管理器。

DNF 包管理器克服了 YUM 包管理器的一些"瓶颈"，提升了包括用户体验、内存占用、依赖分析、运行速度等多方面的内容。DNF 使用 RPM、libsolv 和 hawkey 库进行包管理操作。目前，RHEL 8 中已经预装了 DNF。

5.5 知识链接：软件包的依赖性

尽管 RPM 能够帮助用户查询软件相关的依赖关系，但问题还是要运维人员自己来解决，而有些大型软件可能与数十个程序都有依赖关系，在这种情况下安装软件会非常棘手。YUM 软件仓库便是为了进一步降低软件安装难度和复杂度而设计的。

RHEL 先将发布的软件存放到 YUM 服务器内，再分析这些软件的依赖属性问题，将软件内的记录信息写下来，然后将这些信息分析后记录成软件相关性的清单列表。这些列表数据与软件所在的位置叫作容器。当用户端有软件安装的需求时，用户端主机会主动地从网络上面的 YUM 服务器的容器网址下载清单列表，再通过清单列表的数据与本机 RPM 数据库已存在的软件数据相比较，就能够一次性地安装所有需要的具有依赖属性的软件了，如图 5-1 所示。

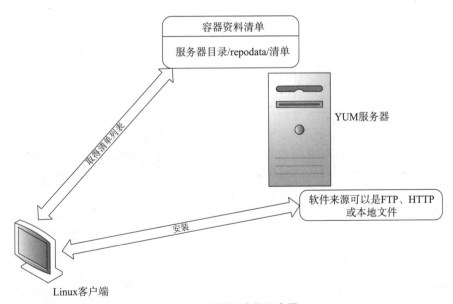

图 5-1 YUM 流程示意图

当用户端有升级、安装等需求时，会向容器要求清单的更新，使清单更新到本机的

/var/cache/yum 里面。当用户端实施更新、安装时，就会用本机清单与本机的 RPM 数据库进行比较，这样就知道该下载什么软件了。接下来 YUM 会到容器服务器（YUM Server）下载所需的软件，然后通过 RPM 的机制开始安装软件。这就是整个流程，但仍然离不开 RPM。

5.6 任务实施：使用 DNF 安装软件

5.6.1 DNF 软件源的配置

相比以往的软件包安装管理工具，DNF 拥有更高的效率、更快的处理速度。DNF 的前身是 YUM（Yellow Dog 更新管理器），而它的最新版本已经取代了 YUM，从而提供了更多和更简单的功能，它也可以帮助开发者更新和管理 Linux 系统上的软件包。RHEL 8 提供了基于 Fedora 28 中 DNF 的包管理系统 YUM v4，兼容以前的 YUM v3。

RHEL 8 软件源分为两个主要仓库：BaseOS 和 AppStream，作用分别为：

①BaseOS 仓库以传统 RPM 软件包的形式提供操作系统底层软件核心集，是基础软件安装库。

②AppStream 包括额外的用户空间应用程序、运行时语言和数据库，以支持不同的工作负载和用例。AppStream 中的内容有两种格式：熟悉的 RPM 格式和成为模块的 RPM 格式扩展。

同时，数据源分为本地源和网络源两种，下面以本地源为例进行介绍。

第一步：需要有一个已经配置好的仓库，镜像文件中有一个已经配置好的仓库文件，可以直接使用，前面已经讲过如何挂载 ISO 镜像，这里不再赘述。

第二步：找到 DNF 软件源的保存路径，查看现有文件，执行如下命令：

```
[root@lhy ~]# ls /etc/yum.repos.d/
redhat.repo
```

第三步：编辑软件源文件。此处可以创建新的 repo 文件或直接使用现有文件 redhat.repo。要注意的是，文件名可以任意命名，但扩展名一定是 .repo。

repo 文件中主要包含以下 6 行语句：

```
[repositoryid]                                    //标签名
name=name for this repository                     //DNF 与标签名统一即可
baseurl=url://server1/path/to/repository/         //安装包的保存位置,YUM 根据此路
        url://server2/path/to/repository/         //径检索 RPM 软件包之间的依赖关系
        url://server3/path/to/repository/         //url 可以是本地源或网络源
enabled=0/1                    //值为1,表示启用此 DNF 为禁用
gpgcheck=0/1                   //值为0,表示安装时,不对 RPM 软件包进行检验
gpgkey=A URL pointing to the GPG key file  //进行检验时的值,在 gpgcheck=1 时有效
```

下面以直接编辑 redhat.repo 为例，进行 repo 软件源文件的撰写。

```
[root@lhy ~]# vim /etc/yum.repos.d/redhat.repo
[Media]
name=Media
```

```
baseurl = file:///media/BaseOS          /* 本地源使用 file://,绝对路径为/media/
BaseOS*/
  enabled = 1                            //启用此源
  gpgcheck = 0                           //本地源无须校验,可以省略 gpgcheck

  [rhel8 - AppStream]                    //扩展模块
  name = rhel8 - AppStream
  baseurl = file:///media/AppStream
  enabled = 1
  gpgcheck = 0
```

5.6.2 DNF 命令

DNF 的命令众多,下面针对其几个主要功能进行讲解。

1. 列出所有 RPM 包

用处:该命令用于列出用户系统上的所有来自软件库的可用软件包和所有已经安装在系统上的软件包。

```
[root@lhy ~]# dnf list
```

2. 列出所有安装了的 RPM 包

用处:该命令用于列出所有安装了的 RPM 包。

```
[root@lhy ~]# dnf list installed
```

3. 列出所有可供安装的 RPM 包

用处:该命令用于列出来自所有可用软件库的可供安装的软件包。

```
[root@lhy ~]# dnf list available
```

4. 搜索软件库中的 RPM 包

用处:如果不知道想要安装的软件的准确名称,可以用该命令来搜索软件包。需要在"search"参数后面键入软件的部分名称来搜索。此处以 Samba 服务为例。

```
[root@lhy ~]# dnf search samba
```

5. 查看软件包详情

用处:当想在安装某一个软件包之前查看它的详细信息时,这条命令可以帮到你(在本例中,将查看"mysql"这一软件包的详细信息)。

```
[root@lhy ~]# dnf info mysql
```

6. 安装软件包

用处:使用该命令,系统将会自动安装对应的软件及其所需的所有依赖(在本例中,以 Nginx 服务和 PHP 服务为例)。

```
[root@lhy ~]# dnf install nginx
[root@lhy ~]# dnf install php - y
```

7. 升级软件包

用处：该命令用于升级指定软件包（在本例中，将用命令升级 systemd 这一软件包）。

```
[root@ lhy ~]# dnf update systemd
```

8. 删除软件包

用处：删除系统中指定的软件包（在本例中，将使用命令删除 Nginx 服务和 PHP 服务）。

```
[root@ lhy ~]# dnf remove nginx - y
[root@ lhy ~]# dnf erase php - y
```

9. 删除无用孤立的软件包

用处：当没有软件再依赖它们时，某一些用于解决特定软件依赖的软件包将会变得没有存在的意义，该命令就是用来自动移除这些没用的孤立软件包的。

```
[root@ lhy ~]# dnf autoremove
```

10. 删除缓存的无用软件包

用处：在使用 DNF 的过程中，会因为各种原因在系统中残留各种过时的文件和未完成的编译工程。可以使用该命令来删除这些没用的垃圾文件。

```
[root@ lhy ~]# dnf clean all
```

11. 获取有关某条命令的使用帮助

用处：该命令用于获取有关某条命令的使用帮助（包括可用于该命令的参数和该命令的用途说明）（本例中将使用命令获取有关命令 clean 的使用帮助）。

```
[root@ lhy ~]# dnf help clean
```

12. 查看所有的 DNF 命令及其用途

用处：该命令用于列出所有的 DNF 命令及其用途。

```
[root@ lhy ~]# dnf help
```

13. 查看 DNF 命令的执行历史

用处：可以使用该命令来查看系统上 DNF 命令的执行历史。通过这种方法可以知道在自使用 DNF 开始有什么软件被安装或卸载。

【课后练习】

1. 欲安装 bind 套件，应用命令（　　）。

A. rpm - ivh bind * . rpm　　　　　　　　　　B. rpm - ql bind * . rpm

C. rpm - V bind * . rpm　　　　　　　　　　　D. rpm - ql bind

2. 为卸载一个软件包，应使用（　　）。

A. rpm - I　　　　　B. rpm - e　　　　　C. rpm - q　　　　　D. rpm - V

3. 查询已安装软件包 dhcp 内所含文件信息的命令是（　　）。

A. rpm - qa dhcp　　　B. rpm - ql dhcp　　　C. rpm - qp dhcp　　　D. rpm - qf dhcp

4. 查看系统中是否安装了 bind 包的命令是（　　）。

A. rpm – ivh bind

B. rpm – qa | grep bind

C. rpm – e bind

D. rpm – Uvh bind

5. 将当前目录中的 myfile. txt 文件压缩成 myfile. txt. tar. gz 的命令为 （   ）。

A. tar – cvf myfile. txt   myfile. txt. tar. gz

B. tar – zcvf myfile. txt   myfile. txt. tar. gz

C. tar – zcvf myfile. txt. tar. gz   myfile. txt

D. tar – cvf myfile. txt. tar. gz   myfile. txt

6. 利用 DNF 命令安装 Telnet 服务器的方法是 （   ）。

A. dnf update telnet

B. dnf install telnet

C. dnf update telnet – server

D. dnf install telnet – server

7. 下列命令中，不会自动产生文件后缀的是 （   ）。

A. gzip   B. tar   C. bzip2   D. compr

项目六
Linux 网络配置与系统安全管理

知识目标

1. 了解 Linux 支持的网络服务类型。
2. 了解网络配置文件及配置方式。
3. 掌握主机名及以太网卡的设置。
4. 掌握常用网络操作命令的使用。
5. 掌握网络服务的启动、停止及查询状态等命令。

技能目标

1. 会配置主机名和网卡。
2. 会配置客户端名称解析。
3. 会使用常用网络调试命令维护主机。
4. 能使用命令启动、停止网络服务。
5. 能配置网络服务的启动状态。

素养目标

1. 了解网络安全在现代社会的重要性。
2. 能够按照职业规范完成任务实施。

项目介绍

　　要使 Linux 主机能与网络中的其他主机相互通信，必须进行相关的网络配置。网络配置通常包括主机名、网卡的 IP 地址、子网掩码、默认网关（默认路由）、DNS 服务器的 IP 地址等。在 Linux 中，网络配置信息是分别存储在不同的配置文件中的。在图形界面和字符界面下均可实现网络配置。本项目将在字符界面下通过编辑、修改相关网络配置文件和网络配置的有关命令工具来完成 Linux 主机连入局域网和互联网。

任务1　Linux 网络配置

任务目标

BITCUX 网络公司的服务器要向网络中的用户提供服务，就必须与其他主机进行连接和通信，而进行正确的网络配置是服务器与其他主机通信的前提。网络配置通知包括配置主机名、网卡 IP 地址、子网掩码、默认网关、DNS 服务器等方面。

6.1　知识链接：网络参数

1. 主机名

RHEL 8.x 有以下 3 种形式的主机名。

- 静态主机名（Static）

静态主机名也称为内核主机名，是系统在启动时从/etc/hostname 自动初始化的主机名。

- 瞬态主机名（Transient）

瞬态主机名是内核维护的动态主机名，DHCP 或 DNS 服务器可以在运行时更改临时主机名，默认情况下，它与静态主机名相同。

- 灵活主机名（Pretty）

灵活主机名是 UTF8 格式的自由主机名，以展示给终端用户。

RHEL 8.x 中的主机名配置文件为/etc/hostname，可以在配置文件中直接更改主机名。

2. IP 地址与子网掩码

IP（Internet Protocol，网际互联协议）是 TCP/IP 体系中的网络层协议，它可以向传输层提供各种协议的信息，例如 TCP、UDP 等；其最大的作用是网际互联，它是统一的国际标准，网际中传输的资源只有通过 IP 识别才能找到网关（局域网内部负责人），再通过网卡（MAC 地址）定位到电脑。简单来说，IP 就是位于网络层的一个通用的用来标识网络主机进行通信的协议。

IP 地址由网络号和主机号组成。每台连在 Internet 网上的主机有唯一的 IP 地址。IP 地址采用二进制形式，通常以点分十进制表示法表示（8 个比特为一段，用十进制整数）。IP 地址分为 A、B、C、D、E 五类，其中，A、B、C 三类是常用的，见表 6-1（本书介绍的都是版本 4 的 IP 地址，称为 IPv4）。

表 6-1　IP 地址分类

分类	地址范围	特征	子网掩码
A 类地址	1.0.0.1 ~ 126.255.255.254	默认第一个字节作为网络号	255.0.0.0
B 类地址	128.0.0.1 ~ 191.255.255.254	默认前两个字节作为网络号	255.255.0.0
C 类地址	192.0.0.1 ~ 223.255.255.254	默认前三个字节作为网络号	255.255.255.0

所有的 IP 地址当中，以"127"开头的 IP 地址不可用于指定主机的 IP 地址，其被称为

环回地址（loopback），供计算机的各个网络进程之间进行通信时使用。

D 类地址以 1110 开头，地址范围是 224.0.0.0 ~ 239.255.255.255，D 类地址作为组播地址（一对多的通信）；E 类地址以 11110 开头，地址范围是 240.0.0.0 ~ 255.255.255.255，E 类地址为保留地址，供以后使用。因此，只有 A、B、C 有网络号和主机号之分，D 类地址和 E 类地址没有划分网络号和主机号。

子网掩码（subnet mask）又称网络掩码、地址掩码、子网络遮罩，它用来标识一个 IP 地址中，哪些位是主机所在子网，哪些位是主机位。子网掩码不能单独存在，它必须结合 IP 地址一起使用。

子网掩码是在 IPv4 地址资源紧缺的背景下为了解决 IP 地址分配而产生的虚拟 IP 技术，通过子网掩码将 A、B、C 三类地址划分为若干子网，从而显著提高了 IP 地址的分配效率，有效解决了 IP 地址资源紧张的局面。另外，在企业内网中，为了更好地管理网络，网管人员也利用子网掩码的作用，人为地将一个较大的企业内部网络划分为更多个小规模的子网，再利用三层交换机的路由功能实现子网互联，从而有效解决了网络广播风暴和网络病毒等诸多网络管理方面的问题。

3. 网关地址

大家都知道，从一个房间走到另一个房间，必然要经过一扇门。同样，从一个网络向另一个网络发送信息，也必须经过一道"关口"，这道关口就是网关。顾名思义，网关（Gateway）就是一个网络连接到另一个网络的"关口"。也就是说，要实现不同网段主机之间的通信，就必须通过网关。

4. DNS 域名服务器地址

DNS（Domain Name Server，域名服务器）是进行域名（domain name）和与之相对应的 IP 地址转换的服务器。DNS 中保存了一张域名和与之相对应的 IP 地址的表，以解析消息的域名。域名是 Internet 上某一台计算机或计算机组的名称，用于在数据传输时标识计算机的电子方位（有时也指地理位置）。域名是由一串用点分隔的名字组成的，通常包含组织名，而且始终包括 2 ~ 3 个字母的后缀，以指明组织的类型或该域所在的国家或地区。

通过为主机指定 DNS 域名服务器地址，通知该主机由"谁"来完成解析域名的工作，反之亦然。

5. Linux 的网络接口

Linux 中定义了不同的网络接口，其中包括：

1）lo 接口

回环接口是逻辑的接口，即虚拟的软件接口，它们并不是真正的路由器接口。在 OSPF 路由协议中配置使用回环接口是为了确保在 OSPF 进程中总有一个激活的接口。回环接口可以用于 OSPF 的配置和诊断。

2）en 接口

en 表示网卡设备接口，标识 Ethernet，通常网络接口设备名用 enXXXX 来表示，其中：
- eno：主板板载网卡，集成式的设备索引号，如 eno1。
- enp：独立网卡，PCI 网卡，如 enp2s0。
- ens：热插拔网卡，USB 之类的扩展槽索引号，如 ens33。
- nnn（数字）：MAC 地址 + 主板信息计算得出唯一序列。

3）virbr0 接口

virbr0 是一个虚拟的网络连接端口，默认为 0 号虚拟网络连接端口，通过虚拟机操作系统时，默认会向 nat 的网络地址转移，这时就用到了 virbr0。

4）ppp 接口

ppp 表示 ppp 设备接口，并附加数字来反映 ppp 设备的序号。如第一个 ppp 接口的设备名称为 ppp0，第二个 ppp 接口的设备名称为 ppp1。采用 ISDN 或 ADSL 等方式接入 Internet 时，使用的就是 ppp 接口。

6.2　任务实施：配置 Linux 操作系统的网络参数

6.2.1　常用网络管理工具

1. ifconfig 命令

命令的英文全称是 "network interfaces configuring"，即用于配置和显示 Linux 内核中网络接口的网络参数。用 ifconfig 命令配置的网卡信息，在网卡重启和机器重启后，配置就不存在了。要想将上述配置信息永远地存于电脑中，就要修改网卡的配置文件。

使用权限：所有使用者。

使用方式：

ifconfig ［选项］［网卡名］［动作］

选项：
- a：显示所有网卡状态。
- s：显示简短状态列表。
- v：显示执行过程详细信息。

动作：

add：设置网络设备的 IP 地址。

del：删除网络设备的 IP 地址。

down：关闭指定的网络设备。

up：启动指定的网络设备。

范例：

```
[root@ lihy ~]# ifconfig                    //查看网络设备信息
ens160:flags =4163 <UP,BROADCAST,RUNNING,MULTICAST >  mtu 1500
        inet 192.168.0.100  netmask 255.255.255.0  broadcast 192.168.0.255
        inet6 fe80::20c:29ff:fe0d:177b  prefixlen 64  scopeid 0x20 <link >
        ether 00:0c:29:0d:17:7b  txqueuelen 1000(Ethernet)
        RX packets 979210  bytes 64053699(61.0 MiB)
        RX errors 0  dropped 0  overruns 0  frame 0
        TX packets 10901  bytes 1219175(1.1 MiB)
        TX errors 0  dropped 0 overruns 0  carrier 0  collisions 0

lo:flags =73 <UP,LOOPBACK,RUNNING >  mtu 65536
```

```
        inet 127.0.0.1   netmask 255.0.0.0
        inet6::1   prefixlen 128   scopeid 0x10 < host >
        loop   txqueuelen 1000(Local Loopback)
        RX packets 25391   bytes 2259611(2.1 MiB)
        RX errors 0   dropped 0   overruns 0   frame 0
        TX packets 25391   bytes 2259611(2.1 MiB)
        TX errors 0   dropped 0 overruns 0   carrier 0   collisions 0
[root@ lihy ~]# ifconfig ens160 down          //关闭 ens160
[root@ lihy ~]# ifconfig ens160 up            //启动 ens160
[root@ lihy ~]# ifconfig ens160 192.168.10.20 netmask 255.255.255.0
                                              //临时设置 ens160,重启后失效
[root@ lihy ~]# ifconfig ens160               //查看 ens160
ens160:flags =4163 < UP,BROADCAST,RUNNING,MULTICAST >   mtu 1500
        inet 192.168.10.20   netmask 255.255.255.0   broadcast 192.168.10.255
        inet6 fe80::20c:29ff:fe0d:177b   prefixlen 64   scopeid 0x20 < link >
        ether 00:0c:29:0d:17:7b   txqueuelen 1000(Ethernet)
        RX packets 3   bytes 192(192.0 B)
        RX errors 0   dropped 0   overruns 0   frame 0
        TX packets 375   bytes 21939(21.4 KiB)
        TX errors 0   dropped 0 overruns 0   carrier 0   collisions 0
```

2. ping 命令

ping 命令的功能是测试主机间网络连通性,发送出基于 ICMP 传输协议的数据包,要求对方主机予以回复,若对方主机的网络功能没有问题且防火墙放行流量,则就会回复该信息,我们就可得知对方主机系统在线并运行正常了。不过值得注意的是,Linux 与 Windows 相比有一定差异,Windows 系统下的 ping 命令会在发送 4 个请求后自动结束该命令;而 Linux 系统则不会自动终止,需要用户手动按下 Ctrl + C 组合键才能结束,或是发起命令时,加入 - c 参数限定发送个数。

使用权限:所有使用者。

使用方式:

ping [选项] 域名或 IP 地址

选项:

- 4:基于 IPv4 网络协议。

- 6:基于 IPv6 网络协议。

- a:发送数据时发出鸣响声。

- b:允许 ping 一个广播地址。

- c:设置发送报文的次数。

- d:使用接口的 SO_DEBUG 功能。

- f:使用洪泛模式向目标大量发送数据包。

- h:显示帮助信息。

- i:设置收发信息的间隔时间。

－I：使用指定的网络接口送出数据包。

－n：仅输出数值。

－p：设置填满数据包的范本样式。

－q：静默执行模式。

－R：记录路由过程信息。

－s：设置数据包的大小。

－t：设置存活数值 TTL 的大小。

－v：显示执行过程详细信息。

－V：显示版本信息。

范例：

```
[root@ lihy ~]# ping www. redhat. com        //测试与指定站点之间的网络连通性
                                             //需手动按下 Ctrl +C 组合键结束命令
PING e3396. ca2. s. tl88. net(223.111.102.32)56(84)bytes of data.
64 bytes from 223.111.102.32(223.111.102.32):icmp_seq =1 ttl =55 time =31.6 ms
64 bytes from 223.111.102.32(223.111.102.32):icmp_seq =2 ttl =55 time =31.7 ms
64 bytes from 223.111.102.32(223.111.102.32):icmp_seq =3 ttl =55 time =31.6 ms
64 bytes from 223.111.102.32(223.111.102.32):icmp_seq =4 ttl =55 time =32.2 ms
......
[root@ lihy ~]# ping 192.168.0.109  - c 4    //指定发送报文次数
PING 192.168.0.109(192.168.0.109)56(84)bytes of data.
64 bytes from 192.168.0.109:icmp_seq =1 ttl =128 time =0.297 ms
64 bytes from 192.168.0.109:icmp_seq =2 ttl =128 time =0.195 ms
64 bytes from 192.168.0.109:icmp_seq =3 ttl =128 time =0.342 ms
64 bytes from 192.168.0.109:icmp_seq =4 ttl =128 time =0.201 ms


---192.168.0.109 ping statistics ---
4 packets transmitted,4 received,0% packet loss,time 3080ms
rtt min/avg/max/mdev =0.195/0.258/0.342/0.065 ms
```

6.2.2　网络连接配置文件

如果希望 NM 不要纳管网卡，只有一个办法最彻底、最靠谱，就是自己写 ifcfg，内容加上 NM_CONTROLLED = no，这样该 device 的状态就会始终保持 unmanaged。nmcli c up、nmcli c reload、nmcil c load 都不会对其起任何作用。

早期 Linux 操作系统下都是通过修改配置文件来实现服务的管理，对于一些初学者，往往会有一些意外导致配置文件损坏等情况发生，但是对于一个成熟的网络管理员来说，熟练地编辑配置文件是不可或缺的一项技能。

1. 主机名的修改

设置主机名是配置服务器时最基本的任务之一。主机名是指在网络中分配给服务器的名称，有助于唯一的识别性。默认情况下，主机名设定为 localhost，保存在/etc/hostname 文件中。在 RHEL 8 系统的服务器中设置主机名的方法有很多，下面就来逐一了解一下。

（1）要显示系统的主机名，则运行以下命令：

```
[root@lhy ~]# hostname
lhy.bitc
```

（2）另外，可以执行 hostnamectl 命令，如下所示：

```
[root@lhy ~]# hostnamectl
   Static hostname:lhy.bitc
        Icon name:computer-vm
          Chassis:vm
       Machine ID:0ef448d7c5d64734b778a7b76add2e19
          Boot ID:e1a84add1019495fa1ab53782ee8a05e
   Virtualization:vmware
 Operating System:Red Hat Enterprise Linux 8.7(Ootpa)
      CPE OS Name:cpe:/o:redhat:enterprise_linux:8::baseos
           Kernel:Linux 4.18.0-425.3.1.el8.x86_64
     Architecture:x86-64
```

（3）在 RHEL 8 中设置主机名。

```
[root@lhy ~]# hostnamectl set-hostname rhel8.bitc          //设置主机名
[root@lhy ~]# systemctl restart systemd-hostnamed          /* 重新启动服务,以应用
最近的更改*/
```

重新开启一个终端后，可以看到命令提示符变为：

```
[root@rhel8 ~]#
```

（4）修改主机配置文件。

通过编辑/etc/hostname 文件，可以达到修改主机名的目的。

```
[root@rhel8 ~]# vim /etc/hostname
lihy.bitc                              //存盘退出
[root@rhel8 ~]# hostname               //此时查看主机名并未生效
[root@rhel8 ~]# systemctl restart systemd-hostnamed
[root@rhel8 ~]# hostname               //重新开启终端,提示符更新
```

2. 网络网卡配置文件

RHEL 8 之后的网卡设备名默认为 ens160，可以通过编辑/etc/sysconfig/network-scripts/ifcfg-ens160 文件来配置网卡参数。

```
[root@lhy ~]# vim/etc/sysconfig/network-scripts/ifcfg-ens160
TYPE=Ethernet                //网络类型,Ethernet 表示以太网
PROXY_METHOD=none            //引导协议,none |dhcp |bootp
IPV6INIT=yes                 //是否配置主机的 IPv6 网络
DEFROUTE=yes                 //是否将本网络接口作为网络默认路由
NAME=ens160                  //配置名称
DEVICE=ens160                //配置所绑定的网卡
BOOTPROTO=static/dhcp        //IP 地址获取方式
ONBOOT=yes/no                //启动时是否激活 yes |no
```

```
IPADDR = 192.168.0.100           //配置 IPv4 地址
NETMASK = 255.255.255.0          //配置子网掩码
GATEWAY = 192.168.0.1            //配置网关
DNS1 = 192.168.0.1               //配置 DNS
```

通过编辑网卡配置文件的方式修改网卡参数后，设置并不能立即生效，需要重启系统或者重新启动网络连接，命令如下：

```
[root@ lhy ~]# nmcli connection reload ens160
[root@ lhy ~]# nmcli c up ens160
```

连接已成功激活（D – Bus 活动路径：/org/freedesktop/NetworkManager/ActiveConnection/13）。

```
[root@ lhy ~]# ifconfig ens160
ens160:flags = 4163 < UP,BROADCAST,RUNNING,MULTICAST >  mtu 1500
        inet 192.168.0.100  netmask 255.255.255.0  broadcast 192.168.0.255
        inet6 fe80::20c:29ff:fe0d:177b  prefixlen 64  scopeid 0x20 < link >
        ether 00:0c:29:0d:17:7b  txqueuelen 1000(Ethernet)
        RX packets 979073  bytes 64040711(61.0 MiB)
        RX errors 0  dropped 0  overruns 0  frame 0
        TX packets 9879  bytes 1172829(1.1 MiB)
        TX errors 0  dropped 0 overruns 0  carrier 0  collisions 0
```

6.2.3　NetworkManager 的使用

NetworkManager（NM）是 2004 年 Red Hat 启动的项目，旨在让 Linux 用户更轻松地处理现代网络需求，尤其是无线网络，能自动发现网卡并配置 IP 地址。

在 RHEL 8.x 上，已废弃 network.service，因此只能通过 NetworkManager（后面简称 NM）进行网络配置，包括动态 IP 和静态 IP。换句话说，在 RHEL 8 上，必须开启 NM，否则无法使用网络。

NM 能管理各种网络，其中包括：有线网卡、无线网卡，动态 IP、静态 IP，以太网、非以太网，物理网卡、虚拟网卡。

NM 的管理方式有多种，包括 cockpit、Freedesktop applet、nmtui 等图形方式，本节着重介绍 nmcli 命令行方式。

在 NM 里，有两个维度：连接（connection）和设备（device），这是多对一的关系。想给某个网卡配置 IP，首先 NM 要能纳管这个网卡设备。设备里存在的网卡（即 nmcli d 里可以查看到的），就是 NM 纳管的设备。下一步可以为一个设备配置多个连接（nmcli c 可以看到的），每个连接可以理解为一个 ifcfg 配置文件。一个设备同一时刻只能有一个连接处于激活状态。可以通过 nmcli c up 切换连接。

1. 配置连接——nmcli connection 命令

与 ifcfg – ethX 作用相同，nmcli connection 可以简写成 nmcli c。连接有两种状态：

- 活跃：表示当前该 connection 生效。
- 非活跃：表示当前该 connection 不生效。

nmcli 命令的参数都是以键值对的方式存在，表 6 – 2 是 nmcli 命令对象参数和网卡配置文件内容的对应关系。

表 6 – 2　命令对象参数与网卡配置文件的对应关系

命令对象参数	网卡配置文件
ipv4. method manual	BOOTPROTO = none
ipv4. method auto	BOOTPROTO = dhcp
ipv4. addresses 192. 0. 2. 1/24	IPADDR = 192. 0. 2. 1 PREFIX = 24
gw4 192. 0. 2. 254	GATEWAY = 192. 0. 2. 254
ipv4. dns 8. 8. 8. 8	DNS = 8. 8. 8. 8
ipv4. dns – search example. com	DOMAIN = example. com
ipv4. ignore – auto – dns true	PEERDNS = no
connection. autoconnect yes	ONBOOT = yes
connection. id eth0	NAME = eth0
connection. interface – name eth0	DEVICE = eth0
802 – 3 – ethernet. mac – address⋯	HWADDR = ⋯

1）查看连接列表

不同于 RHEL 7 以前版本的 ens33，RHEL 8 中的网卡设备名默认为 ens160。

```
[root@ lhy ~]# nmcli c show
NAME     UUID                                    TYPE      DEVICE
ens160   f110c6a4 – c287 – 430c – aa2a – eea4be5600ff   ethernet   ens160
virbr0   c9f3eaad – ab09 – 4b93 – 93cf – b1fda6cc4502   bridge    virbr0
```

2）修改网卡静态 IP

```
[root@ lhy ~]# nmcli connection modify \          /* 此处为一行完整命令,由于过
长,所以用"\"分隔*/
>ens160 \                                         //指定网卡设备名称
>ipv4. addresses 192.68.0.1/24                    //指定 IP 地址
```

3）创建 connection，配置静态 IP

```
[root@ lhy ~]# nmcli c add \
>    type ethernet \                              //创建连接时,必须指定类型,类型有很多
>    con – name inside \                          //表示连接(connection)的名字,可任意定义
>    ifname ens160 \                              /* 网卡名,这个 bitc 必须是在 nmcli d 里能看
到的*/
>    ipv4. addr 192.168.0.100/24 \                //指定一个或多个 IP 地址
```

```
>      ipv4. gateway 192. 168. 0. 1 \        //网关
>      ipv4. method manual \                 //对应 ifcfg 文件内容的 BOOTPROTO
>      autoconnect yes                       //开机后自动连接
```

连接"inside"（9c2acd82 – 0e83 – 48de – 83bd – 703afbf88f39）已成功添加。

其中，ipv4. method 默认为 auto，对应为 BOOTPROTO = dhcp，这时如果指定 IP，就可能导致网卡同时有 DHCP 分配的 IP 和静态 IP；设置为 manual 表示 BOOTPROTO = none，即只有静态 IP。

如果这是为 inside 创建的第一个连接，则自动生效；如果此时已有连接存在，则该连接不会自动生效，可以执行 nmcli c up 来切换生效。

4）创建 connection，配置动态 IP

```
[root@ lhy ~]# nmcli c add \
>      type ethernet \
>      con – name outside \
>      ifname ens160 \
>      ipv4. method auto
```

连接"outside"（922d4554 – c322 – 4d50 – 9a17 – d596c52e1e8c）已成功添加。

5）操作 connection

● 启动

```
[root@ lhy ~]# nmcli c up inside
```

连接已成功激活（D – Bus 活动路径：/org/freedesktop/NetworkManager/ActiveConnection/5）。

● 停止

```
[root@ lhy ~]# nmcli c down inside
```

成功停用连接"inside"（D – Bus 活动路径：/org/freedesktop/NetworkManager/ActiveConnection/5）。

● 删除

```
[root@ lhy ~]# nmcli c delete outside
```

成功删除连接"outside"（1b43336b – d95a – 484d – 845f – 96023fed3388）。

6）重载配置但不立即生效

● 重载全部连接

```
[root@ lhy ~]# nmcli c reload
```

● 重载指定设备

```
[root@ lhy ~]# nmcli c load /etc/sysconfig/network – scripts/ifcfg – ens160
```

2. 配置网卡设备——nmcli device 命令

设备（device）可以理解为实际存在的网络（包括物理网卡和虚拟网卡），nmcli device 可以简写成 nmcli d。device 有 4 种常见状态：

- connected：已被 NM 纳管，并且当前有活跃的 connection。
- disconnected：已被 NM 纳管，但是当前没有活跃的 connection。
- unmanaged：未被 NM 纳管。
- unavailable：不可用，NM 无法纳管，通常出现在网卡 link 为 down 的时候（比如 ip link set ethX down）。

1）查看网卡列表

```
[root@ lhy ~]# nmcli d
DEVICE      TYPE        STATE       CONNECTION
ens160      ethernet    已连接       inside
virbr0      bridge      已连接       virbr0
lo          loopback    未托管       --
```

2）操作网卡

- 设置 NM 管理网卡

刷新该网卡对应的活跃 connection（如果之前有修改过 connection 配置），如果有 connection 但是都处于非活跃状态，则自动选择一个 connection 并将其活跃，如果没有 connection，则自动生成一个并将其活跃。

```
[root@ lhy ~]# nmcli d connect ens160
```

成功用 "ens160e0f9d455 – 52a3 – 443d – 85ca – 6513cefa7043" 激活了设备。

- 取消 NM 管理网卡

此操作不会变更实际网卡的连接状态，只会使对应的 connection 变成非活跃，若重启系统，则又会自动连接。另外，如果手工将该网卡的 connection 全部删掉，该网卡状态也会自动变为 disconnected。

```
[root@ lhy ~]# nmcli d disconnect ens160
```

成功断开设备 "ens160"。

- 设置 NM 是否自动启动网卡

```
[root@ lhy ~]# nmcli d set ens160 autoconnect no
[root@ lhy ~]# nmcli d set ens160 autoconnect yes
```

3）关闭无线网络（默认启动）

```
[root@ lhy ~]# nmcli r all off
```

6.2.4 其他网络管理工具

1. nmtui

文本用户界面工具 nmtui 可用于在终端窗口中配置接口，通过 nmtui 提供的 GUI 界面，可以编辑连接、启动连接、设置系统主机名，如图 6 – 1 所示。学习者可以自行尝试操作。

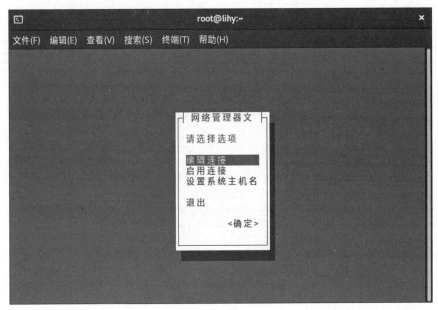

图 6-1　nmtui 界面

2. 图形化管理工具

RHEL 8 的图形界面较为友好，学习者可以在桌面右上角找到电源按钮，单击后看到图 6-2 所示的快捷菜单。

图 6-2　快捷菜单

单击"有线设置"，打开网络设置界面，如图 6-3 所示。通过单击按钮可以启动或关闭网络，单击后面的齿轮状按钮可以进入"有线"设置界面，如图 6-4 所示。

在此界面下，可以根据需要更改网卡的基本设置。

以上操作完成后，配置依然无法立刻生效，需要结合以下命令才能使新的 IP 作用于网卡。

设置
网络
Wi-Fi
蓝牙
背景
通知
搜索
区域和语言
通用辅助功能
在线帐户
隐私
共享
声音
电源
有线
10000 Mb/秒
关闭
VPN
未设置
网络代理
关

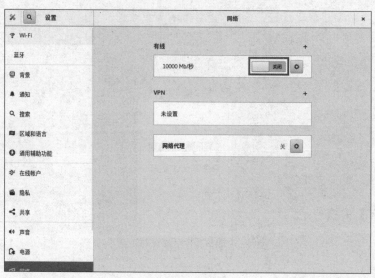

图 6-3　网络设置

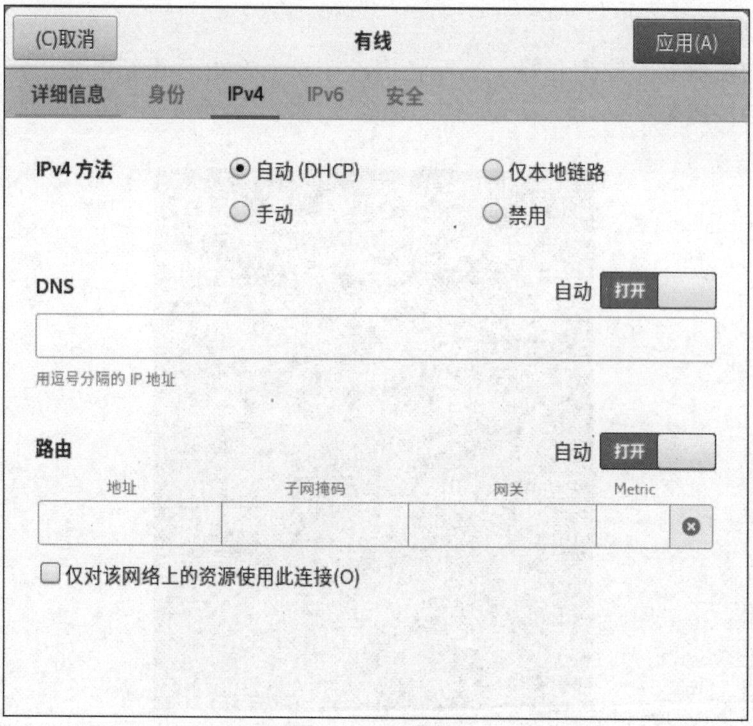

(C)取消
有线
应用(A)
详细信息
身份
IPv4
IPv6
安全
IPv4 方法
自动 (DHCP)
仅本地链路
手动
禁用
DNS
自动
打开
用逗号分隔的 IP 地址
路由
自动
打开
地址
子网掩码
网关
Metric
仅对该网络上的资源使用此连接(O)

图 6-4　有线设置

```
[root@ lihy ~]# nmcli c reload
[root@ lihy ~]# nmcli c up ens160
```

图形界面的配置虽然比较直观，但学习 Linux 操作系统还是要以命令行为主，图形界面为辅，否则，在其他发行版的 Linux 操作系统下依然要重新学习图形界面的菜单逻辑。

任务2 Linux 系统安全管理

任务目标

BITCUX 公司的服务器不但向内部员工提供服务，还接入了 Internet 向外网用户提供服务，所以要做好足够的安全防护措施，因此，为公司服务器构建防火墙成为必不可少的工作，而与 Linux 系统紧密集成的 firewalld 正好可以满足要求。同时，随着学习的深入，网络管理员还逐渐认识到，掌握 SELinux 的设置可以避免很多不安全的操作，对系统安全起到了强化保护作用。

6.3 知识链接：Linux 下的安全防护

6.3.1 防火墙基础

保障数据的安全性是继保障数据的可用性之后最为重要的一项工作。防火墙作为公网与内网之间的保护屏障，在保障数据的安全性方面起着至关重要的作用。

相较于企业内网，外部的公网环境更加恶劣。在公网与企业内网之间充当保护屏障的防火墙有软件或硬件之分，主要功能都是依据策略对穿越防火墙的流量进行过滤。防火墙策略可以基于流量的源目地址、端口号、协议、应用等信息来定制，然后使用预先定制的策略规则监控出入的流量，若流量与某一条策略规则相匹配，则执行相应的处理，反之则丢弃，如图 6-5 所示，这样就能够保证仅有合法的流量在企业内网和外部公网之间流动了。

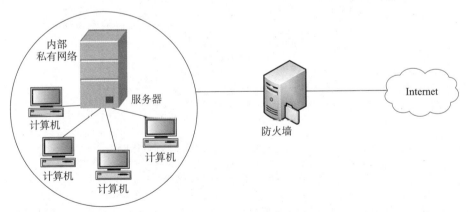

图 6-5 防火墙的作用

防火墙作为公网与内网之间的保护屏障，在保障数据的安全性方面起着至关重要的作用。从 RHEL 7 系统开始，firewalld 防火墙正式取代了 iptables 防火墙。其实，iptables 与 firewalld 都不是真正的防火墙，它们都只是用来定义防火墙策略的防火墙管理工具而已，或者说它们只是一种服务。iptables 服务会把配置好的防火墙策略交由内核层面的 netfilter 网络过滤器来处理，而 firewalld 服务则把配置好的防火墙策略交由内核层面的 nftables 包过滤框架来处理。

6.3.2　什么是 SELinux

安全增强式 Linux，即 SELinux（Security – Enhanced Linux），是美国国家安全局（NSA）对于强制访问控制的实现，是 Linux 历史上最杰出的新安全子系统。SELinux 是一个 Linux 内核的安全模块，其提供了访问控制安全策略机制，包括了强制访问控制（Mandatory Access Control，MAC）。

NSA 在 Linux 社区的帮助下开发了一种访问控制体系，在这种访问控制体系的限制下，进程只能访问那些在它的任务中所需的文件。SELinux 默认安装在 Fedora 和 Red Hat Enterprise Linux 上。

SELinux 的主要作用就是最大限度地减小系统中服务进程可访问的资源（最小权限原则）。

系统资源都是通过进程来读取更改的，为了保证系统资源的安全，传统的 Linux 便使用用户、文件权限的概念来限制资源的访问，通过对比进程的发起用户和文件权限来保证系统资源的安全，这是一种自由访问控制方式（DAC）。但是随着系统资源安全性要求提高，出现了在 Linux 下的一种安全强化机制（SELinux），该机制为进程和文件加入了除权限之外更多的限制来增强访问条件，这种方式为强制访问控制（MAC）。这两种方式最直观的对比就是，采用传统 DAC，root 可以访问任何文件，而在 MAC 下，即使是 root，也只能访问设定允许的文件。

SELinux 的工作模式一共有三种，如图 6 – 6 所示。

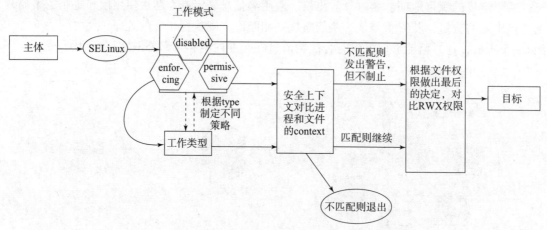

图 6 – 6　SELinux 工作原理

- enforcing 强制模式：只要是违反策略的行动，都会被禁止，并作为内核信息记录。
- permissive 允许模式：违反策略的行动不会被禁止，但是会提示警告信息。
- disabled 禁用模式：禁用 SELinux，与不带 SELinux 系统是一样的，通常情况下在不怎么了解 SELinux 时，将模式设置成 disabled，这样在访问一些网络应用时，就不会出问题了。

使用命令修改工作模式只在当前有效，想要开机生效，并且如果想要在 disabled 和其他两种模式之间切换，只有修改配置文件参数然后重启，该配置文件是/etc/selinux/config，另

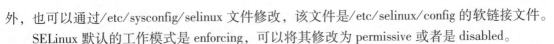

外，也可以通过/etc/sysconfig/selinux 文件修改，该文件是/etc/selinux/config 的软链接文件。

SELinux 默认的工作模式是 enforcing，可以将其修改为 permissive 或者是 disabled。

如果要查看当前 SELinux 的工作状态，可以使用 getenforce 命令来查看。要注意的是，通过 setenforce 来设置 SELinux 只是临时修改，当系统重启后，就会失效，所以如果要永久修改，就修改 SELinux 主配置文件。

6.4　任务实施：配置 firewalld 及 SELinux

6.4.1　防火墙的使用

Firewall – cmd 是 firewalld 防火墙配置管理工具的 CLI（命令行界面）版本，参数一般都是以"长格式"提供的；现在系统除了能用 Tab 键自动补齐命令或文件名等内容之外，还可以用 Tab 键来补齐长格式选项。

使用权限：所有使用者。

使用方式：

```
firewall – cmd [选项] … [选项 n]
```

选项：

－－get – default – zone 查询默认的区域名称。

－－set – default – zone =<区域名称>设置默认的区域，使其永久生效。

－－get – zones 显示可用的区域。

－－get – services 显示预先定义的服务。

－－get – active – zones 显示当前正在使用的区域与网卡名称。

－－add – source =将源自此 IP 或子网的流量导向指定的区域。

－－remove – source =不再将源自此 IP 或子网的流量导向某个指定区域。

－－add – interface =<网卡名称>将源自该网卡的所有流量都导向某个指定区域。

－－change – interface =<网卡名称>将某个网卡与区域进行关联。

－－list – all 显示当前区域的网卡配置参数、资源、端口以及服务等信息。

－－list – all – zones 显示所有区域的网卡配置参数、资源、端口以及服务等信息。

－－add – service =<服务名>设置默认区域允许该服务的流量。

－－add – port =<端口号/协议>设置默认区域允许该端口的流量。

－－remove – service =<服务名>设置默认区域不再允许该服务的流量。

－－remove – port =<端口号/协议>设置默认区域不再允许该端口的流量。

－－reload 让"永久生效"的配置规则立即生效，并覆盖当前的配置规则。

－－panic – on 开启应急状况模式。

－－panic – off 关闭应急状况模式。

－－runtime 当前立即生效，重启后失效。

－－permanent 当前不生效，重启后生效。

与 Linux 系统中其他的防火墙策略配置工具一样，使用 firewalld 配置的防火墙策略默认为运行时（Runtime）模式，又称为当前生效模式，而且会随着系统的重启而失效。如果想让配置策略一直存在，就需要使用永久（Permanent）模式，方法就是在用 firewall – cmd 命令正常设置防火墙策略时添加 $--$ permanent 参数，这样配置的防火墙策略就可以永久生效了。但是，永久生效模式有一个弊端，就是使用它设置的策略只有在系统重启之后才能自动生效。如果想让配置的策略立即生效，需要手动执行 firewall $-$ cmd $--$ reload 命令。

范例：

```
[root@ lihy ~]# firewall-cmd --permanent --add-service = http   /* 永久放行http 服
务*/
   success
[root@ lihy ~]# firewall-cmd --reload                            /* 重新加载防火墙,
使配置立即生效*/
   success
[root@ lihy ~]# firewall-cmd --list-all
public(active)
   target:default
   icmp-block-inversion:no
   interfaces:ens160
   sources:
   services:cockpit dhcpv6-client http ssh                       /* 服务列表中出现
http*/
   ports:
   protocols:
   forward:no
   masquerade:no
   forward - ports:
   source - ports:
   icmp - blocks:
   rich rules:
[root@ lihy ~]# firewall-cmd --permanent --remove-service = ssh   /* 永久禁行 SSH
服务*/
   success
[root@ lihy ~]# firewall-cmd --reload
   success
[root@ lihy ~]# firewall-cmd --list-all
public(active)
   target:default
   icmp-block-inversion:no
   interfaces:ens160
   sources:
   services:cockpit dhcpv6-client http                           /* 服务列表中原本的
SSH 消失*/
   ports:
   protocols:
   forward:no
```

```
masquerade:no
forward-ports:
source-ports:
icmp-blocks:
rich rules:
```

RHEL 8 下 Firewall 的图形化管理工具为 cockpit，需另行安装。

6.4.2　SELinux 的部署

1. 临时关闭 SELinux

可以通过 getenforce 命令来查看 SELinux 的状态。setenforce 命令可以临时修改 SELinux 状态，当系统重启后，配置还原。

```
[root@lihy ~]# getenforce
Enforcing
[root@lihy ~]# setenforce 0                    //0 表示关闭,1 表示启用
[root@lihy ~]# getenforce
Permissive
```

2. 永久关闭 SELinux

要永久禁用 SELinux，可以修改/etc/selinux/config 并将 SELINUX = disabled，对/etc/selinux/config 进行任何更改后，重新启动服务器使配置生效。

```
[root@lihy ~]# vim /etc/selinux/config
# This file controls the state of SELinux on the system.
# SELINUX = can take one of these three values:
#    enforcing - SELinux security policy is enforced.
#    permissive - SELinux prints warnings instead of enforcing.
#    disabled - No SELinux policy is loaded.
SELINUX = disabled               //默认值为 enforcing
# SELINUXTYPE = can take one of these three values:
#    targeted - Targeted processes are protected,
#    minimum - Modification of targeted policy. Only selected processes are protec-
ted.
#    mls - Multi Level Security protection.
SELINUXTYPE = targeted
```

存盘退出后，重启系统后，SELinux 被永久关闭。

【课后练习】

1. RHEL/CentOS 8.x 系统的第一块网卡的配置文件路径应该是（　　）。

A. /etc/sysconfig/network/ifcfg-ens33

B. /etc/sysconfig/network/itcfg-ens0

C. /etc/syscontig/network-scripts/itcfg-ens0

D. /etc/sysconfig/network-scripts/ifcfg-ens160

2. 防火墙放行 NFS 服务的命令是（　　　）。

A. firewall – cmd – permanent – add – service – nfs

B. firewall – cmd – permanent – list – service – nfs

C. firewall – cmd – – permanent – – add – service – nfs

D. firewall – cmd – permanent – reload = nfs

3. 重启防火墙的命令是（　　　）。

A. firewall – cmd – permanent – add – service – nfs

B. firewall – cmd – – reload

C. firewall – cmd – – permanent – list – all

D. firewall – cmd – permanent – reload

4. 如果暂时禁用 eth160 网卡，应该使用命令（　　　）。

A. ifconfig eth160　　　　　　　　　B. ifup eth160

C. ifconfig eth160 up　　　　　　　　D. ifconfig eth160 down

5. 在 Linux 系统中，主机名保存在（　　　）配置文件中。

A. /etc/hosts　　　　　　　　　　　B. /etc/hostname

C. /etc/sysconfig/network　　　　　　D. /etc/network

6. （　　　）提供了主机名与 IP 地址间的文件。

A. /etc/hosts　　　　　　　　　　　B. /etc/network

C. /etc/sysconfig/network　　　　　　D. /etc/host

7. 显示本地主机名的命令是（　　　）。

A. hostname　　　　B. host　　　　　C. name　　　　　D. hsname

8. 使用（　　　）命令检测基本网络连接。

A. ping　　　　　　B. route　　　　　C. netstat　　　　D. ifconfig

9. 网络安全的特征包括（　　　）。

A. 保密性及完整性　B. 可控性　　　　C. 可用性　　　　D. 以上全是

10. 网络安全是指保护系统的（　　　）免受偶然或恶意的破坏、篡改和泄露，保证网络系统的正常运行、网络服务不中断。

A. 软件　　　　　　B. 硬件　　　　　C. 软件与硬件　　D. 操作系统

11. Linux 中，提供 TCP/IP 包过滤功能的软件是（　　　）。

A. Wrape　　　　　B. route　　　　　C. iptables　　　　D. filter

12. SELinux 的主配置文件名为（　　　）。

A. conf　　　　　　B. selinux. conf　　C. selinux　　　　D. selinux_conf

项目七
Samba 服务器配置与管理

1. 了解 SMB 协议。
2. 了解文件共享协议的基本概念。
3. 了解 Samba 服务的功能。
4. 掌握 Samba 服务器不同级别的配置方法。
5. 熟悉 Samba 服务的工作流程。
6. 熟悉 Samba 配置文件中配置参数的设置。
7. 掌握 Samba 服务的安装和管理。
8. 掌握 Samba 服务器客户程序的使用。

1. 会安装 Samba 服务的软件包。
2. 能配置可匿名访问的文件共享。
3. 能配置带验证的文件共享。
4. 会配置虚拟用户。
5. 会配置隐藏共享目录。
6. 能搭建基于用户或用户组的独立配置文件。
7. 能在客户端实现 Linux 与 Windows 资源互访。
8. 会配置 Samba 打印共享。

能够按照职业规范完成任务实施。

目前，Windows 和 Linux 操作系统各自拥有自己的用户群和市场，一般的公司或学校可能同时有 Windows 和 Linux 操作系统的主机。Windows 主机彼此间可利用"网上邻居"来访问共享的资源，Samba 则是在 Windows 主机与 Linux 主机间实现资源共享而架设的桥梁。

把公司内部的网上公共资源设置成既能方便访问，又能保证访问安全，还能高效管理，是网络管理员的基本职责。为了存放和使用公司、部门以及个人的数据资料，在公司的网络内专门搭建了一台文件服务器，并通过文件共享方式发布到网上，这样公司员工都可以通过网络访问文件服务器中的文件夹或文件。但是这些文件夹或文件资源由于所有者和用途的不同，需要针对不同的用户设置不同的访问权限来保障资源的安全。

任务 1　启用 Samba 服务

任务目标

公司网络中需要实现与 Windows 操作系统彼此共享资源，计划架设一台 Samba 服务器，使 Linux 操作系统也可以加入"网上邻居"，用来向局域网内客户机提供文件共享服务，因此需要部署 Samba 服务器。

7.1　知识链接：Samba 服务基础

7.1.1　Samba 服务概述

Samba 是一套让 Linux 系统能够应用 Microsoft 网络通信协议的软件，它使执行 Linux 系统的计算机能与执行 Windows 系统的计算机进行文件与打印共享。Samba 使用一组基于 TCP/IP 的 SBM（Server Message Block）协议，通过网络共享文件及打印机，这组协议的功能类似于 NFS 和 LPD（Linux 标准打印服务器）。支持此协议的操作系统包括 Windows、Linux 和 OS/2。Samba 服务在 Linux 和 Windows 系统共存的网络环境中尤为有用。

1. SMB 协议

SBM 协议可以看作局域网上共享文件和打印机的一种协议。它是微软和英特尔在 1987 年指定的协议，主要是作为 Microsoft 网络的通信协议，而 Samba 则是将 SBM 协议搬到 UNIX 系统上来使用。通过 NetBIOS over TCP/IP 使用 Samba 不但能与局域网网络主机共享资源，也能与全世界的计算机共享资源。因为互联网上千千万万的主机所使用的通信协议就是 TCP/IP。SBM 是在会话层和表示层及小部分的应用层使用的协议，SMB 使用了 NetBIOS 的应用程序接口（API）。另外，它是一个开放性的协议，允许协议扩展，这使它变得庞大而复杂，大约有 65 个最上层的作业，而每个作业都超过 120 个函数。

2. Samba 的功能

Samba 服务的主要功能如下：

（1）提供 Windows 风格的文件和打印机共享。Windows 9x、Windows 2000/2003、Windows XP 等操作系统可以利用 Samba 共享 Linux 等其他操作系统上的资源，外表看起来和共享 Windows 的资源没有区别。

（2）解析 NetBIOS 名字。在 Windows 网络中，为了能够利用网上资源，同时使自己的资源也能被其他主机所用，各个主机都定期向网上广播自己的身份信息。负责主机这些信息

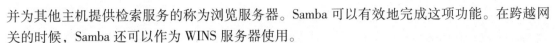

并为其他主机提供检索服务的称为浏览服务器。Samba 可以有效地完成这项功能。在跨越网关的时候，Samba 还可以作为 WINS 服务器使用。

（3）提供 SBM 客户功能。利用 Samba 提供的 smbclient 程序可以在 Linux 上像使用 FTP 一样访问 Windows 的资源。

（4）提供一个命令行工具，利用该工具可以有限制地支持 Windows 的某些管理功能。

（5）支持 SWAT（Samba Web Administration Tool）和 SSL（Secure Socket Layer）。

3. Samba 进程

Samba 的运行包含两个后台守护进程：nmbd 和 smbd，它们是 Samba 服务的核心。在 Samba 服务器启动到停止运行期间持续运行。nmbd 监听 137 号和 138 号 UDP 端口，smbd 监听 139 号 TCP 端口。nmbd 守护进程使其他计算机可以浏览 Linux 服务器，smbd 守护进程在 SBM 服务请求到达时对它们进行处理，并且对被使用或共享的资源进行协调。在请求访问打印机时，smbd 把要打印的信息存储到打印队列中；在请求访问一个文件时，smbd 把数据发送到内核，最后把它存到磁盘上。smbd 和 nmbd 使用的配置信息全部保存在/etc/samba/smb. conf 文件中。

7.1.2　Samba 服务器工作流程

Samba 的工作流程主要分为四个阶段：

1. 协议协商

客户端在访问 Samba 服务器时，首先由客户端发送一个 SMB negprot 请求数据报，并列出它所支持的所有 SMB 协议版本。服务器在接收到请求信息后开始响应请求，并列出希望使用的协议版本，选择最优的 SMB 类型。如果没有可使用的协议版本，则返回 OXFFFFH 信息，结束通信。

2. 建立连接

当 SMB 协议版本确定后，客户端进程向服务器发起一个用户或共享的认证，这个过程是通过发送 Session setup &X 请求数据报实现的。客户端发送一对用户名和密码或一个简单密码到服务器，然后服务器通过发送一个 Session setup &X 应答数据报来允许或拒绝本次连接。

3. 访问共享资源

当客户端和服务器完成了协商和认证之后，它会发送一个 Tcon 或 SMB TconX 数据报并列出它想访问网络资源的名称，之后服务器会发送一个 SMB TconX 应答数据报，以表示此次连接是否被接受或拒绝。

4. 断开连接

连接到相应资源，SMB 客户端就能够 open SMB 打开一个文件，通过 read SMB 读取文件，通过 write SMB 写入文件，通过 close SMB 关闭文件。

一台 Samba 服务器在提供网络访问服务时，需要经过几个步骤，如图 7-1 所示。

（1）编辑主配置文件 smb. conf，指定需要共享的目录，并为共享目录设置共享权限。

（2）在 smb. conf 文件中指定日志文件名称和存放路径。

（3）设置共享目录的本地系统权限。

（4）重新加载配置文件或重新启动 SMB 服务，使配置生效。

图 7 - 1　Samba 服务器端工作流程

（5）关闭防火墙，同时设置 SELinux 为 Samba 服务器允许。

7.2　任务实施：Samba 服务器的配置

网络环境示意图如图 7 - 2 所示。

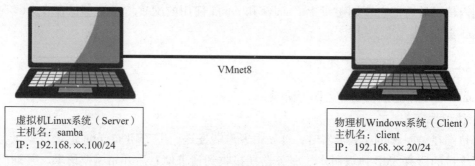

图 7 - 2　网络环境示意图

7.2.1　Samba 服务器的安装、启动与安全设置

1. 安装 Samba 服务
前面已经讲解过 DNF 源的配置，此处不再赘述，默认可以直接使用。

```
[root@ samba ~]# rpm -qa|grep samba            /* 检查发现,系统中未安装 Samba 主
程序软件包*/
[root@ samba ~]# dnf clean all                 //安装前先清除缓存
[root@ samba ~]# dnf install samba -y          //安装 Samba 服务
[root@ samba ~]# rpm -qa|grep samba            /* 再次检查发现,Samba 主程序软件
已安装*/
......
samba -4.16.4 -2.el8.x86_64
```

2. 启动与停止 Samba 服务
```
[root@ samba ~]# systemctl start smb            /* 启动 Samba 服务,注意:此处
是 SMB*/
[root@ samba ~]# systemctl enable smb           //设置开机自动启动 Samba 服务
[root@ samba ~]# systemctl stop smb             //关闭 Samba 服务
[root@ samba ~]# systemctl restart smb          //重启 Samba 服务
```

3. Samba 服务防火墙放行及安全设置

```
[root@ samba ~]# firewall-cmd --list-all          //查看防火墙放行服务列表
……
  services:cockpit dhcpv6-client http
……
[root@ samba ~]# firewall-cmd --permanent --add-service = samba          /* 永久放
行 Samba*/
[root@ samba ~]# firewall-cmd --reload          //重新加载防火墙使配置生效
[root@ samba ~]# firewall-cmd --list-all          /* 防火墙列表中已经加入Samba*/
……
  services:cockpit dhcpv6-client http samba
[root@ samba ~]# setenforce 0
[root@ samba ~]# getenforce
Permissive
```

7.2.2　Samba 服务器配置文件

　　Samba 服务器的配置主要是通过配置其主配置文件完成的，其完整文件名为/etc/samba/smb. conf，其中，/etc/samba/为 Samba 服务的配置文件保存路径。smb. conf 中以"#"开头的为注释，为用户提供相关的配置解释信息，方便用户参考。除此之外，还可以使用";"对配置语句进行关闭，或去掉";"来启用配置语句。

```
[root@ lhy ~] # vim  /etc/samba/smb. conf
1 # See smb. conf. example for a more detailed config file or
2 # read the smb. confmanpage.
3 # Run'testparm'to verify the config is correct after
4 # you modified it.
5
6 [global]                                  //全局配置
7         workgroup = SAMBA
8         security = user
9
10        passdb backend = tdbsam
11
12        printing = cups
13        printcap name = cups
14        load printers = yes
15        cups options = raw
16
17 [homes]                                   //系统内置用户的自家目录访问配置
18        comment = Home Directories
19        valid users = % S,% D% w% S
20        browseable = No
```

```
21          read only = No
22          inherit acls = Yes
23
24 [printers]                              //共享本地打印机配置
25          comment = All Printers
26          path = /var/tmp
27          printable = Yes
28          create mask = 0600
29          browseable = No
30
31 [print $]                               //共享打印机设备的参数配置
32          comment = Printer Drivers
33          path = /var/lib/samba/drivers
34          write list = @ printadmin root
35          force group = @ printadmin
36          create mask = 0664
37          directory mask = 0775
```

从 RHEL 8 版本开始，smb. conf 配置文件已经简化。为了更清楚地了解配置文件，建议研读 smb. conf. example。Samba 开发组按照功能不同，对 smb. conf 文件进行了分段划分，条理非常清楚。

1. **Global Settings**

Global Settings 设置为全局变量区域。那么什么是全局变量？全局变量就是在［global］段落进行设置，该设置项目就是针对所有共享资源生效的。这与后面将会学习的很多服务器配置文件相似。

1）设置工作组或域名称

```
workgroup = SAMBA
```

工作组是网络中地位平等的一组计算机，可以通过设置 workgroup 字段来对 Samba 服务器所在工作组或域名进行设置。

2）设置 Samba 服务器安全模式

```
security = user
```

Samba 服务器有 share、user、server、domain 和 AD 五种安全模式，用来适应不同的企业服务器需求。

• share：代表主机无须验证密码。这相当于 vsftpd 服务的匿名公开访问模式，比较方便，但安全性较差。

• user：代表登录 Samba 服务时需要使用账号密码进行验证，通过后才能获取到文件。这是默认的验证方式。

• domain：代表通过域控制器进行身份验证，用来限制用户的来源域。

• server：代表使用独立主机验证来访用户提供的密码。这相当于集中管理账号，并不常用。

3）设置用户后台

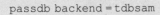

```
passdb backend = tdbsam
```

在早期的 RHEL/CentOS 系统中，Samba 服务使用的是 PAM（可插拔认证模块）来调用本地账号和密码信息，后来在 5、6 版本中替换成了用 smbpasswd 命令来设置独立的 Samba 服务账号和密码。到了 RHEL 7/8 版本，则又进行了一次改革，将传统的验证方式换成使用 tdbsam 数据库进行验证。这是一个专门用于保存 Samba 服务账号密码的数据库，用户需要用 pdbedit 命令进行独立的添加操作。

- smbpasswd：该方式是使用 SMB 工具 smbpasswd 给系统用户（真实用户或者虚拟用户）设置 Samba 密码，客户端用此密码访问 Samba 资源。smbpasswd 在/etc/samba 中，有时需要手工创建该文件。

命令：

smbpasswd ［选项］ 用户名

选项：

- a：添加 Samba 账户。
- x：删除 Samba 账户。
- d：禁用 Samba 账户。
- e：启用 Samba 账户。

- tdbsam：使用数据库文件创建用户数据库。数据库文件叫 passdb.tdb，在/etc/samba 中，passdb.tdb 用户数据库可使用 smbpasswd - a 创建 Samba 用户，要创建的 Samba 用户必须先是系统用户；也可使用 pdbedit 创建 Samba 账户。

命令：

pdbedit ［选项］ 用户名

选项：

- a：新建 Samba 账户。
- x：删除 Samba 账户。
- L：列出 Samba 用户列表，读取 passdb.tdb 数据库文件。
- Lv：列出 Samba 用户列表详细信息。

- ldapsam：基于 LDAP 账户管理方式验证用户。首先要建立 LDAP 服务，修改 Samba 配置文件，将 LDAP 集成参数加入设置：

```
passdb backend = dapsam:ldap://LDAP ServerIP
```

［global］全局参数中其余均为共享打印机的设置。

4）设置日志文件路径

日志文件对于 Samba 非常重要，它存储着客户端访问 Samba 服务器的信息，以及 Samba 服务的错误提示信息等，可以通过分析日志，帮助解决客户端访问和服务器维护等问题。

```
log file =/var/log/samba/log.%m/
max log size =0
```

该语句定义了 Samba 用户的日志文件,%m 代表客户端主机名。每个访问过 Samba 服务的客户端都会生成一个后缀为客户端主机名的日志文件，以便网络管理员掌握服务的使用情况。max log size 语句指定日志文件最大容量，单位为 KB，"0"表示不限制。

2. Share Definitions 共享配置（表 7 - 1）

表 7 - 1　Share Definitions 共享配置

语句	含义
comment	注释说明
path	分享资源的完整路径名称，除了路径要正确外，目录的权限也要正确（绝对路径）
browseable	是 yes/否 no，在浏览资源中显示共享目录，若为否，则必须指定共享路径才能存取
printable	是 yes/否 no，允许打印
hide dot ftles	是 yes/否 no，隐藏隐藏文件
public	是 yes/否 no，公开共享，若为否，则进行身份验证（只有当 security = share 时此项才起作用）
read only	是 yes/否 no，以只读方式共享，当与 writable 发生冲突时，以 writable 为准
writable	是 yes/否 no，可写，不以只读方式共享，当与 read only 发生冲突时，无视 read only
vaild users	设定只有此名单内的用户才能访问共享资源（拒绝优先）（用户名/@组名）
invalid users	设定只有此名单内的用户不能访问共享资源（拒绝优先）（用户名/@组名）
read list	设定此名单内的成员为只读（用户名/@组名）
write list	若设定为只读时，则只有此设定的名单内的成员才可做写入动作（用户名/@组名）
create mask	建立文件时所给的权限
directory mask	建立目录时所给的权限
force group	指定存取资源时，须以此设定的群组使用者进入才能存取（用户名/@组名）
force user	指定存取资源时，须以此设定的使用者进入才能存取（用户名/@组名）
allow hosts	设定只有此网段/IP 的用户才能访问共享资源
deny hosts	设定只有此网段/IP 的用户不能访问共享资源

注意：public 和 valid users 不能同时使用，否则 public 设置无效。

7.2.3　Samba 组件

● samba：主要提供了 SMB 服务器所需的各项服务程序（smbd 及 nmbd）、Samba 的文件档，以及其他与 Samba 相关的 logrotate 配置文件及开机默认选项档案等。

● samba - client：提供了当 Linux 作为 Samba 客户端时所需的工具指令。例如挂载 Samba 文件格式的 mount. cifs、取得类似网络相关树形图的 smbtree 等。

● samba - common：提供服务器与客户端都会使用到的数据，包括 Samba 的主要配置文件（smb. conf）、语法检验指令（testparm）等。

1. Samba 服务端的组成

● smbd 守护程序为 SMB 客户端提供文件共享和打印服务。

● nmbd 守护程序提供 NetBIOS 名字服务和浏览支持。

● testparm 工具让你可以测试你的 smb. conf 配置文件。

- smbstatus 工具用来列出当前在 smbd 服务器上的连接。
- nmblookup 工具用来向 UNIX 机器查询 NetBIOS 名字。
- smbpasswd 工具用来在 Samba 和 NT 服务器上改变 SMB 加密密码。

2. Samba 客户端的组件

smbclient 程序实现了一种简单的类似 FTP 的客户端应用。其对于访问位于其他兼容服务器（如 NT）上的 SMB 共享资源非常有用，同时，它也可用于 UNIX 机器向任何 SMB 服务器（如运行 NT 的 PC 机）上的打印机提交打印作业。

7.2.4　Samba 配置文件校验命令

可以通过 testparm 来验证刚修改过的 smb. conf 是否有语法错误，命令如下：

```
[root@samba ~]# testparm
Load smb config files from /etc/samba/smb.conf
Loaded services file OK.
Weak crypto is allowed
......
```

7.2.5　Samba 服务客户端

1. Windows 客户端

- 打开 Windows 的"文件资源管理器"，在地址栏中输入" \\192.168.0.100"，如图 7 - 3 所示。

图 7 - 3　Windows 地址栏

- 在弹出的对话框中输入用户名和密码来验证身份，如图 7 - 4 所示。

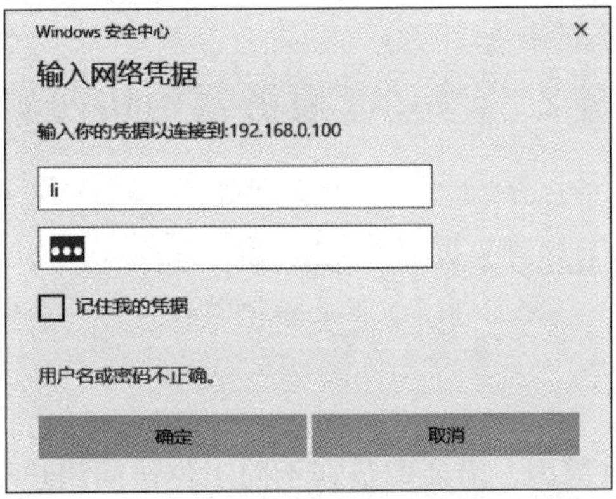

图 7 - 4　验证用户身份

2. Linux 客户端

在 Linux 客户端访问 Samba 服务时，须确保 samba – client 包被正确安装。在配置好 dnf 源的情况下，可使用 dnf 命令来安装 Samba 客户端，从而使用 smbclient 命令。完整安装命令如下：

```
[root@samba ~]# dnf install samba - client - y
```

使用权限：所有使用者。
命令格式：

smbclient ［选项］

选项：
- L：显示服务器端所分享出来的所有资源。
- U：指定用户名称。
- s：指定 smb. conf 所在的目录。
- O：设置用户端 TCP 连接槽的选项。
- N：不用询问密码。
范例：

```
[root@samba ~]# smbclient - L 192.168.0.100 - U li%123
Sharename        Type        Comment
---------        ----        -------
print $          Disk         Printer Drivers
IPC $            IPC          IPC Service(Samba 4.16.4)
li               Disk         Home Directories
SMB1 disabled -- no workgroup available
[root@samba ~]# smbclient  //192.168.0.100/li - U li%123
smb:\>
```

执行 smbclient 命令成功后，进入 smbclient，出现 smb:\>。这里有许多命令，如 cd、lcd、get、megt、put、mput 等，还可以通过 help 命令查看所有子命令。若要退出，输入 quit 命令即可。通过这些命令，使用者可以远程使用服务器的共享资源。

任务2 Samba 服务器的访问实例

7.3 任务实施：部署 Samba 服务

任务目标

BITCUX 公司由于各种原因，需要职员在不同工位访问用户个人数据（即访问宿主目录），现需要搭建 Samba 服务器（192.168.0.100）实现此功能，如用户李异地登录 Samba

服务器后，通过输入用户名 li 及个人密码即可访问到/home/li 目录。

7.3.1　任务实施 1：本地用户远程访问自家目录

分析：/home/li 是用户张三的个人目录，想要通过 Samba 服务异地访问，可通过修改配置文件/etc/samba/smb. conf 中的语句实现该功能，确保配置文件中包含以下内容：

```
[homes]                              //系统内置用户的自家目录访问配置
        #comment 是对该共享的描述,可以是任意字符串
        comment = Home Directories
        #允许访问该共享的用户
        valid users = % S,% D% w% S
        #用来指定该共享是否可以浏览,yes 为可以,no 为不可以
        browseable = No
        #设置是否只读
        read only = No
        #允许继承 ACL 权限
        inherit acls = Yes
```

其中，valid users 语句表示有效用户,% S 表示所有 samba 用户,% D 表示域名或工作组名,% w 起到路径分隔符作用，即表示域名下所有用户。

```
[root@ samba ~]# pdbedit - a li          //将本地用户 li 添加为 samba 用户
new password:
retype new password:
UNIX username:          li
……
Home Directory:         \\SAMBA \li
5. samba 服务器设置
确保修改配置文件后,重启服务,命令如下:
[root@ samba ~]# systemctl restart smb
安全设置
[root@ samba ~]# firewall - cmd --permanent --add - service = samba
[root@ samba ~]# firewall - cmd --reload
[root@ samba ~]# setenforce 0
6. 客户端测试
```

- Windows 端

在"文件资源管理器"的地址栏中输入服务器地址" \\192. 168. 0. 100"，按 Enter 键后，在对话框中验证用户身份 li，此处密码应为 pdbedit 命令设置的 Samba 密码，成功登录后，可以看到如图 7 - 5 所示界面，可以对文件夹进行增、删、改等操作。

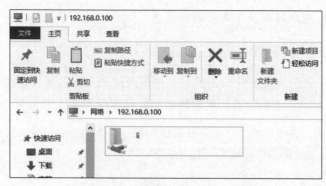

图 7-5　Samba 服务 Windows 端测试

- Linux 端

在终端中使用 smbclient 命令指定访问路径，如//192.168.0.100/li，-U 选项之后用%分隔用户名和密码，如：

```
[root@samba ~]# smbclient  //192.168.0.100/li -U li%123
smb:\>mput file.samba                              //将本地文件上传至 Samba 服务器
Put file file.samba? y
putting file file.samba as \file.samba(0.0 kb/s)(average 0.0 kb/s)
smb:\>get dir\                                       //下载服务器端文件夹
NT_STATUS_FILE_IS_A_DIRECTORY opening remote file \dir\
smb:\>quit
```

后期如需要其他本地用户访问 Samba 服务，只需将该用户添加为 Samba 用户即可。

任务目标

BITCUX 网络公司计划架设一台 Samba 服务器（192.168.0.100）作为文件服务器，共享目录为/share，共享名为 doc，这个共享目录允许公司所有员工下载文件，但不允许上传文件。

7.3.2　任务实施2：匿名用户访问共享目录

分析：这个案例属于 Samba 的基本配置。既然允许所有员工访问，就需要为每个用户建立 Samba 账户，操作会很烦琐，可以采用匿名用户 nobody 访问，这样更便于访问。如果 Samba 服务器中的文件不需要用户登录就能访问，则可在 Samba 服务的主配置文件的全局设置中将 security = user 下增加设置 map to guest = Bad User。

（1）正式修改主配置文件/etc/samba/smb.conf 之前，先做备份，以备后期还原。

```
[root@samba ~]# cp  /etc/samba/smb.conf  /etc/samba/smb.conf.bak
```

（2）在服务器端创建共享目录/share，并创建访问测试文件，修改文件夹权限，使所有用户都可以读取文件夹内容。

```
[root@samba ~]# mkdir /share
[root@samba ~]# touch /share/file.test
[root@samba ~]# chmod -R 755 /share
[root@samba ~]# ll -d /share
```

```
drwxr-xr-x.2 root root 23 5月  24 16:46/share
```

（3）修改 Samba 主配置文件/etc/samba/smb. conf，在［global］字段中添加"map to guest = bad user"语句，参考［homes］字段添加［doc］字段实现匿名访问，最后对［homes］等相关字段进行注释（#）或关闭（;）。

```
[global]
        workgroup = SAMBA
        security = user
        map to guest = bad user
……
;[homes]
;       comment = Home Directories
;       valid users = % S,% D% w% S
;       browseable = No
;       read only = No
;       inherit acls = Yes


……
[doc]
        comment = doc
        path = /share
        guest ok = yes
        browseable = yes
        public = yes
        read only = yes
```

（4）重启 Samba 服务，并确保防火墙放行 Samba 服务、SELinux 已关闭。

```
[root@ samba ~]# systemctl restart smb
```

（5）故障排除。

Samba 服务器完成以上配置后，用户就可以不输入账户和密码而直接登录 Samba 服务器并访问 DOC 共享目录了。在 Windows 客户端通过 UNC 的方式访问 Samba 服务器。

Windows 10 以上的版本默认不允许匿名访问，可通过以下方法解决该问题：

①在 Windows 客户端命令提示符下输入命令 gpedit，打开本地组策略编辑器。

②在组策略编辑器中，依次选择"计算机配置"→"管理模板"→"网络"→"lanman 工作站"选项。

③在右侧窗口找到"启用不安全的来宾登录"选项，双击后，在弹出的窗口中找到"已启用"，依次单击"应用""确定"按钮。

④重启设备并进行测试。

（6）测试。

①Linux 端。

```
[root@ samba ~]# smbclient //localhost/doc
```

```
Password for[SAMBA \root]:
Try"help"to get a list of possible commands.
smb:\> ls
  .                              D        0   Wed May 24 16:46:13 2023
  ..                             D        0   Wed May 24 16:45:32 2023
  file. test                     N        0   Wed May 24 16:46:13 2023
smb:\> q
```

②Windows 端。

在"文件资源管理器"地址栏中输入" \\192.168.0.100",按 Enter 键后自动进入 Samba 服务器并看到现有共享文件夹,如图 7-6 所示。

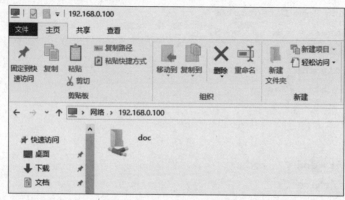

图 7-6   Windows 客户端匿名访问 Samba 服务

任务目标

BITCUX 网络公司由于业务需要,需要将 Samba 服务器向局域网内各客户机提供软件共享服务,常用的软件安装包保存在/software 目录中,要求用户只能从该目录中读取文件,而不能修改目录中的文件,只有管理员 admin 可以向该目录写入文件。另外,各客户端还可利用 Samba 服务器进行临时文件交换,即任何用户有权限将文件写到服务器的某一个目录(/temp)用来存放临时文件。/sales 目录用来保存公司的销售部的文件,并且该部门的员工可以进行读写操作,其他人可以访问,但不能修改。

7.3.3   任务实施3: 本地用户远程访问共享目录

分析:以上条件略显复杂,需要管理三个目录,还需要创建多个用户,如 admin、manager,以及组账户 sales,并需要创建该部门员工 joe,然后分别设置各目录的权限,最后对 smb. conf 文件中相应的语句进行编辑。

(1) 创建组账户 sales 及其部门内账户 joe,以及管理员 admin 和 manager。用户用于远程登录,因此需要设置用户不可本地登录。

```
[root@ samba  ~]# groupdel sales
[root@ samba  ~]# groupadd sales
[root@ samba  ~]# useradd -g sales -s /sbin/nologin joe
```

```
[root@ samba ~]# useradd - s  /sbin/nologin admin
[root@ samba ~]# useradd - s  /sbin/nologin manager
```

（2）将三个账号追加为 Samba 用户。

```
[root@ samba ~]# pdbedit - a joe
[root@ samba ~]# pdbedit - a admin
[root@ samba ~]# pdbedit - a manager
```

（3）分别创建共享目录/software、/temp、/sales。

```
[root@ samba ~]# mkdir/software/temp/sales
```

（4）要求/sales 目录只有同组用户拥有读写权限，经理 manager 对/sales 目录可以查看，但不能修改，其他用户不能读写。

```
[root@ samba ~]# chown - R manager:sales  /sales/
[root@ samba ~]# chmod - R 570  /sales/
[root@ samba ~]# ll - d  /sales/
dr - xrwx ---.2 manager sales 6 5 月  24 20:48  /sales/
```

（5）让管理员 admin 对/software 目录拥有写权限，即将/software 的属主改为 admin 即可。

```
[root@ samba ~]# chown - R admin  /software/
[root@ samba ~]# ll - d  /software/
drwxr - xr - x.2 admin root 6 5 月  24 20:48  /software/
```

（6）为使所有用户都对/temp 目录有写权限，需将该目录的本地权限设置为 777。

```
[root@ samba ~]# chmod - R 777  /temp/
```

（7）修改 Samba 的主配置文件/etc/samba/smb. conf，完成后存盘退出，重启 Samba 服务。

经过上例的修改，需先将配置文件还原。

```
[root@ samba ~]# cd  /etc/samba/
[root@ samba samba]# cp smb. conf. bak   smb. conf
cp:是否覆盖'smb. conf'? y
[root@ samba samba]# vim smb. conf                      //保留 global 原有内容,关闭 home 字段
……
[software]                                             //分别为三个文件夹添加字段
        comment = software Directories
        path = /software
        public = yes
        read only  = yes
        write list = admin
[sales]
        comment = Sales Directories
        path = /sales
```

```
        public = no
        write list = @ sales
        valid users = @ sales,manager

[temp]
        comment = Temp directories
        valid users = /temp
        public = no
        writable = yes:
```

（8）测试。

再次访问 Samba 服务时，又会见到图 7-4 所示的提示框，需要输入用户名和密码来获取访问权限，下面分别进行测试。

需要注意的是，Windows 在建立远程连接后，需要在命令提示符模式下手动清除登录信息，才能切换登录身份，命令如下：

```
C:\Users\Z>net use */del
```

有以下的远程连接：

```
        \\192.168.0.100\homes
        \\192.168.0.100\li
        \\192.168.0.100\IPC$
```
继续运行会取消连接。

```
你想继续此操作吗？(Y/N)[N]:y
命令成功完成。
以上命令会有延时,建议反复执行。
```

①在客户机上访问 Samba 服务器，使用 manager 用户登录；验证 manager 身份后，可以看到图 7-7~图 7-9 所示界面。

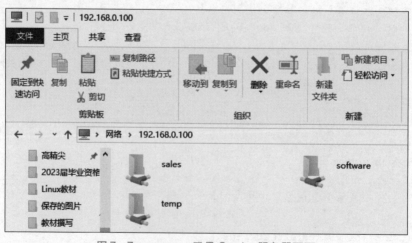

图 7-7　manager 登录 Samba 服务器页面

图 7 – 8 manager 访问 sales 目录权限受限

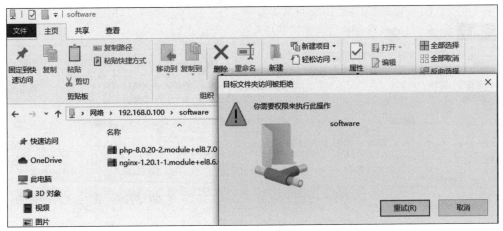

图 7 – 9 manager 访问 software 目录权限受限

②使用 joe 用户登录 Samba 服务器，分别测试目录访问权限；Samba 服务在更改登录状态时，需要先清除登录信息，才能使用新身份登录，此时需要多次执行 net use * /del 命令，直到弹出图 7 – 4 所示的对话框，输入新的用户身份，此处用 joe 用户登录后，依然能看到图 7 – 7 所示的页面，分别测试三个文件夹的权限，如图 7 – 10 ~ 图 7 – 12 所示。

图 7 – 10 joe 用户对 sales 目录有写权限

图 7 –11　joe 用户访问 software 目录权限受限

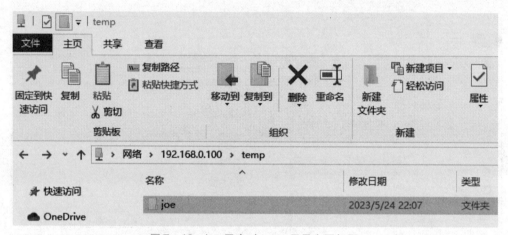

图 7 –12　joe 用户对 temp 目录有写权限

③清除现有登录状态后，再使用管理员用户 admin 登录 Samba 服务，测试对各目录的访问权限，如图 7 –13 ~ 图 7 –15 所示。

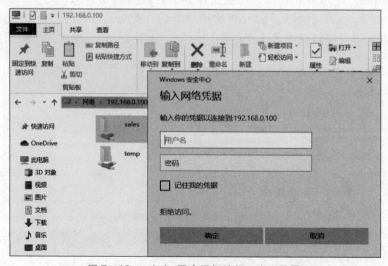

图 7 –13　admin 用户无权访问 sales 目录

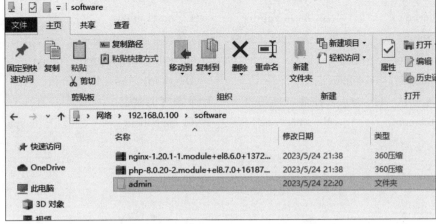

图 7-14　admin 用户对 software 目录有写权限

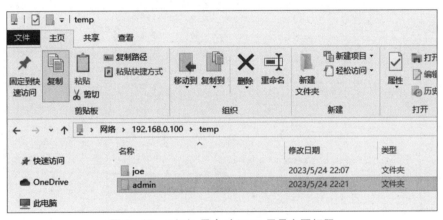

图 7-15　admin 用户对 temp 目录有写权限

【课后练习】

1. Samba 主配置文件由（　　）组成。

A. global 参数和 share 参数　　　　　　B. directiory share 和 file share

C. application share　　　　　　　　　D. virtual share

2. 启动 Samba 服务的命令是（　　　）。

A. systemctl start smb　　　　　　　　B. /sbin/smb start

C. service samba start　　　　　　　　D. /sbin/samba start

3. 下列（　　）文件是 Samba 服务器的配置文件。

A. /etc/samba/httpd. conf　　　　　　　B. /etc/inetd. conf

C. /etc/samba/rc. samba　　　　　　　　D. /etc/samba/smb. conf

4. Samba 服务器的进程由（　　）两个部分组成。

A. named 和 sendmail　　B. smbd 和 nmbd　　C. bootp 和 dhcpd　　D. httpd 和 squid

5. Samba 服务器的默认安全级别是（　　　）。

A. share　　　　　　　B. user　　　　　　C. server　　　　　D. domain

6. 通过设置（　　）来控制是否可以访问 Samba 共享服务的合法 IP 地址。

A. allowed   B. hosts valid   C. hosts allow   D. public

7. 在 Samba 配置文件中设置 Admin 组群允许访问时，表示方法是（　　）。

A. valid users = Admin   B. valid users = group Admin

C. valid users = @Admin   D. valid users = % Admin

8. 手工修改 smb. conf 文件后，使用（　　）命令可测试其正确性。

A. smbmount   B. smbstatus   C. smbclient   D. testparm

项目八
WWW 服务器配置

知识目标

1. 了解 WWW 的基本概念及工作原理。
2. 熟悉 Apache 服务器的配置和管理方法。
3. 掌握虚拟目录的配置方法和过程。
4. 掌握基于域名、IP 地址和端口号的虚拟主机配置方法。

技能目标

1. 会安装 Apache 软件包。
2. 会启动和停止 Apache 服务进程。
3. 能配置和管理虚拟目录。
4. 会配置系统用户的个人主页空间。
5. 会配置和管理基于域名、IP 地址和端口号的虚拟主机。

素养目标

能够按照职业规范完成任务实施。

项目介绍

BITCUX 公司为了顺应互联网发展趋势，便于公司拓展业务及推广公司产品，决定让网络部人员架设一台 WWW 服务器。经过调研发现，Apache 服务器的性能较为稳定，能够覆盖现有业务需求。

任务1 启用 Apache 服务

任务目标

BITCUX 公司的网络管理员计划为公司搭建一个 Web 服务器，但在搭建之前，需要先安装 Apache 服务器程序，再实现服务的启动、关闭等操作。

8.1 知识链接：WWW 服务器概述

8.1.1 WWW 服务基础

万维网 WWW 是 World Wide Web 的简称，也称为 Web、3W 等。WWW 是基于客户端/服务器（C/S）方式的信息发现技术和超文本技术的综合。WWW 服务器通过超文本传输协议（HyperText Transfer Protocol，HTTP）和超文本标记语言（HyperText Markup Language，HTML）把信息组织成图文并茂的超文本，利用统一资源定位符（URL）完成从一个站点跳到另一个页面的链接，为用户提供界面一致的信息浏览系统。

在万维网中，信息资源以页面的形式存储在服务器中，这些页面采用超文本方式对信息进行组织，通过 URL 将位于不同地区、不同服务器上的页面连接在一起。用户通过浏览器向 WWW 服务器发出请求，服务器端根据客户端的请求内容将保存在服务器中的某个页面返回给客户端，浏览器接收到页面后进行解释，最终将图文并茂的画面呈现给用户。

8.1.2 WWW 工作原理

以浏览器作为客户端，WWW 服务器完成客户请求的具体过程如图 8-1 所示。

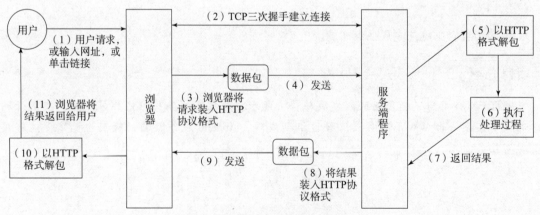

图 8-1 WWW 服务器工作原理

（1）用户做出了一个操作，可以是填写网址并按 Enter 键，可以是单击链接，可以是直接按键等，接着浏览器获取了该事件。

（2）浏览器与对端服务程序建立 TCP 连接。

（3）浏览器将用户的事件按照 HTTP 协议格式打包成一个数据包，其实质就是在待发送缓冲区中的一段有着 HTTP 协议格式的字节流。

（4）浏览器确认对端可写，并将该数据包推入 Internet，该包经过网络最终递交到对端服务程序。

（5）服务端程序拿到该数据包后，同样以 HTTP 协议格式解包，然后解析客户端的意图。

（6）得知客户端意图后，进行分类处理，或是提供某种文件或是处理数据。

（7）将结果装入缓冲区，或是 HTML 文件或是一张图片等。

（8）按照 HTTP 协议格式将（7）中的数据打包。

（9）服务器确认对端可写，并将该数据包推入 Internet，该包经过网络最终递交到客户端。

（10）浏览器拿到包后，以 HTTP 协议格式解包，然后解析数据，假设是 HTML 文件。

（11）浏览器将 HTML 文件展示在页面。

以上为 WWW 服务器的基本工作原理。其实不难发现，这仅仅是一个简单的网络通信。

作为一个服务器，其根本的工作无非三个：接收数据、发送数据、处理数据，而 WWW 服务器的本质就是：接收数据⇒HTTP 解析⇒逻辑处理⇒HTTP 封包⇒发送数据。

目前主流的 WWW 服务器软件有多个，包括 Apache、IIS、Nginx、Tomcat 等，本项目将通过 Apache 服务来介绍如何在 Linux 下配置 WWW 服务。

【任务实施】

8.1.3　Apache 服务

Apache 来自 "a patchy server" 的谐音，意思是充满补丁的服务器，经过多次修改，Apache 已经成为世界上最流行的 WWW 服务器软件之一。Apache 是一款 WWW 服务器软件，有多种产品，可以支持 SSL 技术，支持多个虚拟主机。它快速、可靠并且可通过简单的 API 扩充，将 Perl/Python 等解释器编译到服务器中。Apache 的特点是简单、速度快、性能稳定，并可做代理服务器来使用。它可以在大多数计算机操作系统中运行，由于其跨平台和安全性而被广泛使用。

Apache 是一个高度可配置的 WWW 服务器，可以自定义，以满足几乎任何网站的需求。它的一些主要功能包括：

- 支持多种操作系统：Apache 可以在广泛的操作系统上运行，包括 Windows、Linux 和 macOS。
- 模块化架构：Apache 采用模块化架构构建，这意味着它可以通过第三方模块进行扩展，以添加新特性或功能。
- 安全性：Apache 提供了许多安全功能，包括 SSL 加密、身份验证和访问控制。
- 性能：Apache 旨在实现高性能，具有缓存、压缩和负载平衡等功能，有助于提高网站速度和响应能力。

使用 Apache 作为 WWW 服务器软件有许多优点：

（1）开源：Apache 是免费的开源软件，这意味着无须支付任何费用即可下载和使用它。

（2）灵活性：Apache 是高度可配置的，这意味着可以对其进行自定义，以满足网站的需求。

（3）社区支持：Apache 拥有一个庞大而活跃的开发人员社区，他们为其开发做出贡献并为用户提供支持。

（4）稳定性：Apache 是一款成熟稳定的 WWW 服务器软件，已经存在了二十多年。

使用 Apache 也有一些缺点：

（1）复杂性：Apache 的设置和配置可能非常复杂，特别是对于不熟悉 WWW 服务器软件的用户更是如此。

（2）性能：虽然 Apache 被设计为高性能，但它可能不是速度最快的 WWW 服务器软件。

（3）安全性：虽然 Apache 提供了许多安全功能，但如果配置不正确，它可能容易受到攻击。

8.2 任务实施：Apache 服务器的配置

网络环境示意图如图 8 - 2 所示。

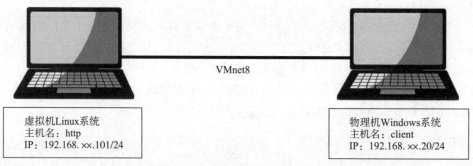

虚拟机Linux系统
主机名：http
IP：192.168.××.101/24

物理机Windows系统
主机名：client
IP：192.168.××.20/24

图 8 - 2　网络环境示意图

8.2.1　Apache 服务器的安装、启动与安全设置

1. 安装 Apache 服务

前面已经讲解过 DNF 源的配置，此处不再赘述，默认可以直接使用。

```
[root@lihy ~]# rpm -qa|grep httpd            //检查系统中是否安装了httpd主程序软件包
[root@lihy ~]# dnf install httpd -y          //安装了httpd服务
[root@lihy ~]# rpm -qa|grep httpd            //再次检查发现,httpd主程序软件已安装
httpd-2.4.37-51.module+el8.7.0+16050+02173b8e.x86_64
```

2. 启动与停止 Apache 服务

```
[root@lihy ~]# systemctl start httpd              //启动httpd服务
[root@lihy ~]# systemctl enable httpd             //设置开机自动启动httpd服务
[root@lihy ~]# systemctl stop httpd               //关闭httpd服务
[root@lihy ~]# systemctl restart httpd            //重启httpd服务
```

3. Apache 服务防火墙放行及安全设置

```
[root@lihy ~]# firewall-cmd --permanent --add-service=http        /* 永久放
行http服务*/
[root@lihy ~]# firewall-cmd --reload                              /* 重新加
载防火墙使配置生效*/
```

```
[root@lihy ~]# firewall-cmd --list-all          /* 防火墙列表中已经加入 http*/
......
  services:cockpit dhcpv6-client http
[root@lihy ~]# setenforce 0
[root@lihy ~]# getenforce
Permissive
```

8.2.2　Apache 配置文件的编辑

在 Linux 操作系统下，httpd 服务程序的主要配置文件及存放位置见表 8-1。

表 8-1　Apache 的配置文件

作用	文件名称
服务目录	/etc/httpd
主配置文件	/etc/httpd/conf/httpd. conf
网站数据目录	/var/www/html
访问日志	/var/log/httpd/access_log
错误日志	/var/log/httpd/error_log

Apache 的服务目录在/etc/httpd/下，其主配置文件的完整路径为/etc/httpd/conf/httpd. conf。在配置过程中，只要根据网络环境需要修改少数的配置文件内容，即可实现 Apache 的功能。通过修改 httpd. conf 文件，可以对 Apache 服务器进行全局环境配置、主服务器的参数定义、虚拟主机的设置。

httpd. conf 文件的内容有几百行，其中大部分为以"#"开头的注释行，其目的是对 httpd 服务程序的功能或某一行参数进行介绍，因此不需要对这个文件逐行学习，只需要会使用常用的配置语句。可以将该配置文件的语句划分为三种类型，如图 8-3 所示。

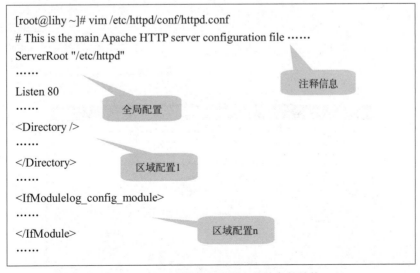

图 8-3　httpd 服务主配置文件的参数结构

主配置文件/etc/httpd/conf/httpd. conf 中的语句非常多,其中使用频率较高的全局配置语句见表 8 –2。

表 8 –2 配置 httpd 服务程序时最常用的参数及其用途描述

参数	作用
ServerRoot	服务目录
ServerAdmin	管理员邮箱
User	运行服务的用户
Group	运行服务的用户组
ServerName	网站服务器的域名
DocumentRoot	网站数据目录
Listen	监听的 IP 地址与端口号
DirectoryIndex	默认的索引页页面
ErrorLog	错误日志文件
CustomLog	访问日志文件
Timeout	网页超时时间,默认为 300 秒

需要注意的是,在修改完配置文件后,需要使用命令重新启动该服务,命令如下:

```
[root@ lihy ~]# systemctl restart httpd
```

关于配置文件中语句的详细使用,将在下一节通过案例进行介绍。

8.2.3 站点目录及首页的设置与测试

从表 8 –2 中可知,DocumentRoot 参数用于定义网站数据的保存路径,其参数的默认值是/var/www/html(即把网站数据存放到这个目录中);而当前网站普遍使用的首页面名称是 index. html,因此,可以向/var/www/html/index. html 文件中写入一段内容,替换掉 httpd 服务程序的默认首页面。该操作会立即生效。命令如下:

```
[root@ lihy ~]# firefox 127.0.0.1                    //测试结果如图 8 –4 所示
[root@ lihy ~]# echo"Welcome to bitc's website" >/var/www/html/index.html
[root@ lihy ~]# firefox 127.0.0.1                    //更新后的页面如图 8 –5 所示
```

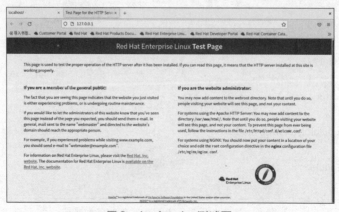

图 8 –4　Apache 测试页

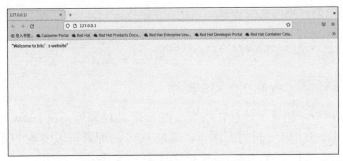

图 8-5　修改 Apache 站点后的页面

任务2　Apache 服务器的实例

任务目标

使用 Apache 服务器架设公司的网站，使用域名 www.bitc.com 访问公司网站首页。在网络环境中，WWW 服务器的 IP 地址设置为 192.168.0.101，出于安全考虑，修改站点主目录为/website/html，站点默认首页为 myweb.html。

8.3　任务实施：搭建 WWW 站点

8.3.1　创建站点首页

首先创建站点目录/website/html。

```
[root@http ~]# mkdir -p /website/html
[root@http ~]# echo "this is bitc's website" >/website/html/myweb.html
```

8.3.2　Apache 配置文件的编辑

编辑主配置文件/etc/httpd/conf/httpd.conf，修改站点目录和默认主页，命令如下：

```
[root@http ~]# vim /etc/httpd/conf/httpd.conf
122 DocumentRoot "/website/html"
……
127 <Directory "/website">
……
131 </Directory>
……
166 <IfModule dir_module>
167     DirectoryIndex myweb.html index.html
168 </IfModule>
……
```

8.3.3 重启服务并进行安全设置

```
[root@ http ~]# systemctl restart httpd
```

8.3.4 客户端测试个人 WWW 站点服务

测试时，在 Windows 浏览器地址栏中直接输入 IP 地址即可，在 Linux 客户端的终端输入命令 "firefox 192.168.0.101" 可打开网页。通过 DNS 的配置可以实现 FQDN 的访问，现阶段可以通过配置 hosts 文件实现。在 Linux 端测试命令如下：

```
[root@ lihy ~]# vim /etc/hosts
......
192.168.0.101 www.bitc.com
[root@ lihy ~]# firefox www.bitc.com               //打开如图 8 - 6 所示页面
```

图 8 - 6   FQDN 访问站点

任务目标

公司为每位员工建立个人主页，提供沟通平台，用户可以方便地管理自己的空间。为了实现个人主页功能，首先需要修改 Apache 服务器的主配置文件，启用个人主页功能，设置用户个人主页主目录，然后创建个人主页，再创建用户 webo，修改用户的家目录/home/webo，权限为 705，使其他用户具有访问和读取的权限，最后在浏览器中输入 http:// www.bitc.com/ ~webo 进行访问验证。

8.4 任务实施：配置用户个人主页服务

8.4.1 修改 Apache 服务器的主配置文件 userdir. conf

在 httpd 服务程序中，默认没有开启个人用户主页功能。为此，需要编辑配置文件/etc/httpd/conf. d/userdir. conf，其中，第 17 行改为在行首加上 "#" 号，表示让 httpd 服务程序开启个人用户主页功能；取消第 24 行 UserDir public_html 前的 "#" 号，表示用户家目录下的 public_html 成为用户的个人站点目录，那么用户 webo 的个人站点目录保存位置为/home/webo/public_html/。修改完毕后存盘退出。

```
[root@http ~]# vim /etc/httpd/conf.d/userdir.conf
11 <IfModule mod_userdir.c>
……
17    # UserDir disabled
……
24    UserDir public_html
……
```

8.4.2　创建用户，并创建个人目录、网页文件和修改权限

```
[root@http ~]# useradd webo
[root@http ~]# passwd webo
[root@http ~]# mkdir /home/webo/public_html        //创建个人站点文件夹
[root@http ~]# echo "welcome to webo's website" >/home/webo/public_html/in-
dex.html                                           //创建个人站点首页
[root@http ~]# chmod -R 755/home/webo              //修改个人站点目录权限
[root@http ~]# ll -d/home/webo
drwxr-xr-x.3 webo webo 78 6 月   8 05:17/home/webo
```

8.4.3　重启服务

完成以上操作后，由于修改过配置文件，需要重启 httpd 服务才能使修改生效，目录如下：

```
[root@lihy conf]# systemctl restart httpd
```

8.4.4　测试访问个人主页

在浏览器地址栏中输入“http://www.bitc.com/~webo/”，即可访问 webo 的个人主页，如图 8 −7 所示。如需要为更多用户创建个人主页，可以参照上述步骤重复操作。

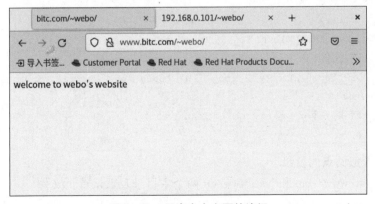

图 8 −7　用户个人主页的访问

任务 3 **Apache 搭建虚拟站点**

Apache 虚拟主机就是在一个 Apache 服务器上配置多个虚拟空间，实现一个服务器提供多站点服务，其实就是访问同一个服务器上的不同目录。

任务目标

在服务器中已经搭建了 www. bitc. com（192. 168. 0. 100/24）的站点，现在由于公司业务扩充，需要搭建 www. bitc. cn（192. 168. 0. 200/24）的站点作为子公司的网站，为了节省开销，将为现有主机网卡配置多个 IP 来实现虚拟站点。

8.4.1 任务实施：配置基于 IP 地址的虚拟主机

1. 添加 IP 地址

目前网卡只有一个 IP 地址，需要为其添加一个虚拟 IP 地址，命令如下：

```
[root@lihy ~]# ip a show ens160              //当前主机的 IP 地址为 192.168.0.100
2:ens160:<BROADCAST,MULTICAST,UP,LOWER_UP>mtu 1500 qdisc fq_codel state UP
group default qlen 1000
......
    inet 192.168.0.100/24 brd 192.168.0.255 scope global noprefixroute ens160
......
[root@lihy ~]# nmcli connection modify ens160 + ipv4. addresses 192.168.0.200/24
                                             //添加虚拟主机 IP
[root@lihy ~]# nmcli c up ens160             //重启网卡
连接已成功激活(D-Bus 活动路径:/org/freedesktop/NetworkManager/ActiveConnection/9)
[root@lihy ~]# ip a show ens160
2:ens160:<BROADCAST,MULTICAST,UP,LOWER_UP>mtu 1500 qdisc fq_codel state UP
group default qlen 1000
......
    inet 192.168.0.100/24 brd 192.168.0.255 scope global noprefixroute ens160
      valid_lft forever preferred_lft forever
     inet    192.168.0.200/24   brd   192.168.0.255   scope   global   secondary
noprefixroute ens160
      valid_lft forever preferred_lft forever
......
```

2. 创建各虚拟站点的目录

分别创建/var/www/com 和/var/www/cn 两个主目录及默认首页文件。

```
[root@lihy ~]# mkdir /var/www/com /var/www/cn
[root@lihy ~]# echo "welcome to www.bitc.com" >/var/www/com/index.html
[root@lihy ~]# echo "welcome to www.bitc.cn" >/var/www/cn/index.html
```

3. 编辑配置主文件/etc/httpd/conf/httpd. conf

在 Apache 主配置文件/etc/httpd/conf/httpd. conf 结尾追加以下语句:

```
[root@lihy ~]# vim /etc/httpd/conf/httpd.conf
<VirtualHost 192.168.0.100 >            //www.bitc.com 站点
        DocumentRoot  /var/www/com      //站点目录
        ServerName www.bitc.com         //站点名称
        <Directory /var/www/com >       //虚拟主机网站参数
            AllowOverride None
            Require all granted
        </Directory >
</VirtualHost >
<VirtualHost 192.168.0.200 >            //www.bitc.cn 站点
        DocumentRoot /var/www/cn        //站点目录
        ServerName www.bitc.cn          //站点名称
        <Directory /var/www/cn >        //虚拟主机网站参数
            AllowOverride None
            Require all granted
        </Directory >
</VirtualHost >
```

4. 重启服务并测试

修改配置文件后,需要立刻重启服务,并确认防火墙已放行、SELinux 处于关闭状态。

```
[root@lihy ~]# systemctl restart httpd
```

在客户端编辑/etc/hosts 文件,便于使用域名进行解析。也可以省略该步骤,直接通过 IP 地址进行访问测试。

```
[root@client ~]# vim /etc/hosts
......
192.168.0.100  www.bitc.com
192.168.0.200  www.bitc.cn
[root@client ~]# firefox www.bitc.com          //如图 8 - 8 所示
[root@client ~]# firefox www.bitc.cn           //如图 8 - 9 所示
```

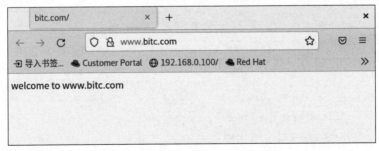

图 8 - 8　虚拟站点 www. bitc. com

图 8 - 9　虚拟站点 www. bitc. cn

可以看到以上通过域名打开了完全不同的两个网站。

任务目标

Bitc 网络公司当前服务器 IP 地址为 192.168.0.100，现在要在该服务器上创建两个基于域名的虚拟主机，使用端口为标准的 80，其域名分别为 www. bitc. com 和 www. college. com，站点根目录分别为/var/www/bitc 及/var/www/college，其默认文档的内容也不同。

8.4.2　任务实施：配置基于域名的虚拟主机

1. 注册虚拟机所要使用的域名

此处与上例类似，在客户端可以通过编辑/etc/hosts，在文件尾追加记录，解析双域名。

```
[root@ client ~]# vim  /etc/hosts
192.168.0.100   www. bitc. com    www. college. com
[root@ client ~]# ping www. bitc. com - c 4          //测试是否能 ping 通 FQDN
[root@ client ~]# ping www. college. com - c 4
```

想要在全网中解析指定域名，需要通过 DNS 服务器完成。

2. 创建各虚拟站点的目录

```
[root@ lihy ~]# mkdir  /var/www/bitc  /var/www/college
[root@ lihy ~]# echo "This is www. bitc. com" > /var/www/bitc/index. html
[root@ lihy ~]# echo "This is www. college. com" > /var/www/college/index. html
```

3. 编辑配置主文件/**etc/httpd/conf/httpd. conf**

```
[root@ lihy ~]# vim  /etc/httpd/conf/httpd. conf
<VirtualHost 192.168.0.100 >
     Documentroot  /var/www/bitc
     ServerName www. bitc. com
     <Directory  /var/www/bitc >
          AllowOverride None
          Require all granted
     </Directory >
</VirtualHost >
```

```
<VirtualHost 192.168.0.100 >
        Documentroot  /var/www/college
        ServerName www. college. com
        <Directory  /var/www/college >
             AllowOverride None
             Require all granted
        </Directory >
</VirtualHost >
```

4. 重启服务并测试

修改配置文件后，需要立刻重启服务，并确认防火墙已放行、SELinux 处于关闭状态。

```
[root@ lihy ~]# systemctl restart httpd
```

在客户端浏览器中分别输入域名进行访问测试，如图 8 – 10 及图 8 – 11 所示，可见打开了不同的网页。

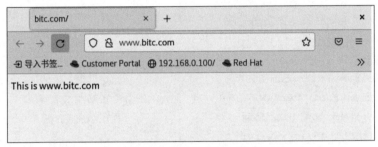

图 8 – 10　虚拟站点 www. bitc. com

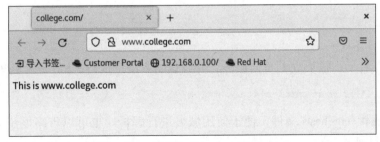

图 8 – 11　虚拟站点 www. college. com

任务目标

Bitc 公司现有 Apache 服务器的 IP 地址为 192. 168. 0. 100，需要创建基于 8080 和 8088 两个不同端口号的虚拟主机，要求不同的虚拟主机对应的主目录不同，默认文档的内容也不同。

8.4.3　任务实施：配置基于端口的虚拟主机

1. 创建站点根目录及站点首页

再次创建：

```
[root@lihy ~]# mkdir /var/www/8080 /var/www/8088
[root@lihy ~]# echo "This is port 8080" >/var/www/8080/index.html
[root@lihy ~]# echo "This is port 8088" >/var/www/8088/index.html
```

2. 编辑 httpd.conf 主配置文件

修改 Apache 服务器中 Listen 指令监听的端口为 8080 和 8088。

```
[root@lihy ~]# vim /etc/httpd/conf/httpd.conf
Listen 8080
Listen 8088
```

添加对虚拟主机的定义。

```
<VirtualHost www.bitc.com:8080>          //指定虚拟主机的端口号 8080
     Documentroot /var/www/8080          //指定站点目录
     ServerName www.bitc.com             //指定站点 FQDN
     <Directory /var/www/8080>
          AllowOverride None
          Require all granted
     </Directory>
</VirtualHost>
<VirtualHost www.bitc.com:8088>          //指定虚拟主机的端口号 8088
     Documentroot /var/www/8088          //指定站点目录
     ServerName www.bitc.com             //指定站点 FQDN
     <Directory/var/www/8088>
          AllowOverride None
          Require all granted
     </Directory>
</VirtualHost>
```

3. 重启服务并测试

修改配置文件后，需要立刻重启服务，并确认防火墙已放行、SELinux 处于关闭状态。

```
[root@lihy ~]# systemctl restart httpd
```

在客户端编辑/etc/hosts 文件，便于使用域名进行解析。也可以省略该步骤，直接通过 IP 地址进行访问测试。

```
[root@client ~]# vim /etc/hosts
......
192.168.0.100  www.bitc.com
```

在客户端浏览器中分别输入域名和端口号，并使用 ":" 进行分隔，测试结果如图 8 - 12 及图 8 - 13 所示，可见打开了不同的网页。

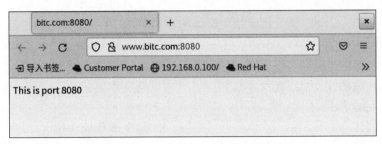

图 8-12 www. bitc. com 的 8080 端口

图 8-13 www. bitc. com 的 8088 端口

【课后练习】

1. 在默认的安装中，Apache 把自己的配置文件放在了（ ）目录中。

A. /etc/httpd/   B. /etc/httpd/conf/   C. /etc/   D. /etc/apache/

2. RHEL/CentOS 8. x 提供的 WWW 服务器软件是（ ）。

A. IIS   B. Apache   C. PWS   D. NETCONFIG

3. Apache 服务器是（ ）。

A. WWW 服务器   B. DNS 服务器

C. FTP 服务器   D. Sendmail 服务器

4. 设置 Apache 服务器主目录的路径是（ ）。

A. DocentROt   B. Serroot   C. DocumentRoot   D. serverAdmin

5. Apache 服务器默认的监听连接端口号是（ ）。

A. 1024   B. 800   C. 80   D. 8

6. 如果要修改默认的 WWW 服务的端口号为 8080，则需要修改配置文件中的（ ）
一行。

A. pidfile 80   B. timeout 80   C. keepalive 80   D. listen 80

7. Apache 的日志文件存放在（ ）。

A. /var/log/httpd   B. /usr/log/httpd   C. /etc/log/httpd   D. /sbin/log/httpd

8. 运行下面语句的结果是（ ）。

```
order allow deny
allow from all
```

A. 允许所有访问　　　 B. 拒绝所有访问　　　 C. 允许部分访问　　　 D. 拒绝部分访问

9. Apache 中，（　　）指令用于指定默认的主页名称。

A. Directory　　　　　 B. index　　　　　 C. DirectoryIndex　　　 D. file

10. HTTP 协议的全称是（　　）。

A. 超文本传输协议　　 B. 超文本链接　　　 C. 超文本媒体　　　 D. 超文本介质

11. HTML 的全称是（　　）。

A. 超文本媒体　　　　　　　　　　　 B. 超文本传输协议

C. 超文本链接　　　　　　　　　　　 D. 超文本标记语言

12. Apache 用于（　　）。

A. 发布 WWW 站点　　　　　　　　　 B. 解析域名

C. 提供文件传输服务　　　　　　　　 D. 提供共享服务

13. Apache 的主配置文件名为（　　）。

A. https. conf　　　　 B. httpd. conf　　　 C. httpd　　　　 D. httpf. conf

项目九
FTP 服务器的配置

知识目标

1. 了解 FTP 的基本概念及工作原理。
2. 了解 FTP 用户类型及登录方式。
3. 熟悉 vsftpd 的运行模式。
4. 熟悉 vsftpd 服务器配置和管理方法。
5. 掌握匿名用户、本地用户和虚拟用户 FTP 服务器的配置。
6. 掌握 FTP 客户机的配置方法。

技能目标

1. 会安装 vsftpd 软件包。
2. 会启动和停止 vsftpd 服务进程。
3. 能配置本地用户访问 vsftpd 服务器。
4. 能配置虚拟用户访问 vsftpd 服务器。
5. 会使用 FTP 客户端访问 FTP 服务器。

素养目标

能够按照职业规范完成任务实施。

项目介绍

由于业务需要，BITCUX 公司的部门和员工之间经常需要传输文件和资料。为了防止频繁插拔外设导致的安全问题，以及便于文件分类管理的同时还能方便员工操作，搭建 FTP 服务器是一个很好的选择。

任务1 FTP 服务器概述

任务目标

为了方便公司员工共享文档等资源，公司网络技术部的员工调研后决定使用 vsftpd 服务实现 FTP 服务器功能，在搭建该服务之前，需要先安装该服务。本任务将着重介绍该服务的原理，以及如何安装、启动、关闭和重启 vsftpd 服务。

9.1 知识链接：FTP 基础

FTP（File Transfer Protocol）是仅基于 TCP 的服务，不支持 UDP。与众不同的是，FTP 使用两个端口：一个数据端口和一个命令端口（也可叫作控制端口）。通常来说，这两个端口是 21（命令端口）和 20（数据端口）。但 FTP 工作方式的不同，数据端口并不总是 20。这就是主动与被动 FTP 的最大不同之处。FTP 服务的具体工作过程如图 9-1 所示。

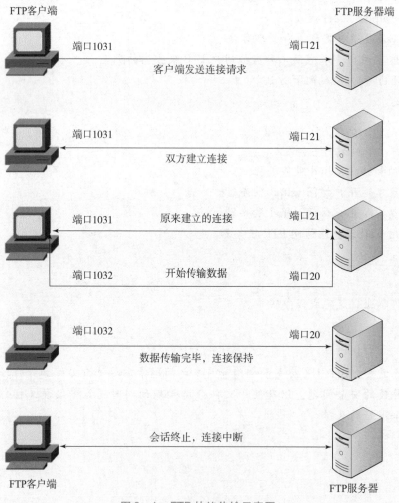

图 9-1 FTP 协议传输示意图

（1）客户端向服务器发出连接请求，同时，客户端系统动态地打开一个大于 1024 的端口等候服务器连接（比如 1031 端口）。

（2）若 FTP 服务器在端口 21 侦听到该请求，则会在客户端 1031 端口和服务器的 21 端口之间建立起一个 FTP 会话连接。

（3）当需要传输数据时，FTP 客户端再动态地打开一个大于 1024 的端口（比如 1032 端口）连接到服务器的 20 端口，并在这两个端口之间进行数据的传输。当数据传输完毕后，这两个端口会自动关闭。

（4）当 FTP 客户端断开与 FTP 服务器的连接时，客户端上动态分配的端口将自动释放。

FTP 的主要作用就是让用户连接上一个远程计算机（这些计算机上运行着 FTP 服务器程序），查看远程计算机有哪些文件，然后把文件从远程计算机上复制到本地计算机，或把本地计算机的文件送到远程计算机去。

FTP 支持两种方式的传输：文本（ASCII）方式和二进制（Binary）方式。通常文本文件的传输采用文本方式，而图像、声音文件、加密和压缩文件等非文本文件采用二进制方式传输。如果为了从一个系统上传输文件而使用了与本地系统不同的计算机字节位数，那么就必须使用 Tenex 模式。FTP 以文本方式作为默认的文件传输方式。

9.1.2 FTP 传输模式

FTP 服务器是按照 FTP 协议在互联网上提供文件存储和访问服务的主机，FTP 客户端则是向服务器发送连接请求，以建立数据传输链路的主机。

FTP 数据连接分为主动模式和被动模式。在过去，客户端默认为主动模式；近来，由于主动模式存在安全问题，许多客户端的 FTP 应用默认变为被动模式。

FTP 会话包含了两个通道：控制通道和数据传输通道。FTP 的工作模式有两种：一种是主动模式，另一种是被动模式，以 FTP Server 为参照。

- 主动模式：服务器主动连接客户端传输。
- 被动模式：服务器等待客户端连接。

注意：无论是主动模式还是被动模式，控制通道都是先建立起来的，两者只是数据传输模式上的区别。

9.1.3 vsftpd 服务

vsftpd 是 "very secure FTP daemon" 的缩写，安全性是它的一个最大的特点。vsftpd 是一个类 UNIX 操作系统上运行的服务器的名字，它可以运行在诸如 Linux、BSD、Solaris、HP – UNIX 等系统上面，是一个完全免费的、开放源代码的 FTP 服务器软件，支持很多其他的 FTP 服务器所不支持的特征。比如：非常高的安全性需求、限制带宽、良好的可伸缩性、可创建虚拟用户、支持 IPv6、速率高等。

vsftpd 是一款在 Linux 发行版中最受推崇的 FTP 服务器程序。其特点是小巧轻快、安全易用。

在开源操作系统中，常用的 FTPD 套件主要还有 ProFTPD、PureFTPd 和 wuftpd 等。

9.1.4 vsftpd 用户

1. 匿名用户

匿名用户是一种最不安全的认证模式，任何人都可以无须密码验证而直接登录到 FTP 服务器。匿名用户可以使用一个共同的用户名 anonymous（或 ftp）登录。密码不限的管理策略（一般使用用户的邮箱作为密码即可）让任何用户都可以很方便地从这些服务器上下载数据。

在主配置文件中配置：

```
anonymous_enable = YES
```

2. 本地用户

本地用户是通过 Linux 系统本地的账户和密码信息进行认证的模式，比匿名开放模式更安全，而且配置起来也很简单。但是如果黑客破解了账户的信息，就可以畅通无阻地登录 FTP 服务器，从而完全控制整台服务器。

3. 虚拟用户

虚拟用户是这三种模式中最安全的一种认证模式，它需要为 FTP 服务单独建立用户数据库文件，虚拟映射用来进行密码验证的账户信息，而这些账户信息在服务器系统中实际上是不存在的，仅供 FTP 服务程序进行认证使用。这样，即使黑客破解了账户信息，也无法登录服务器，从而有效减小了破坏范围，降低了影响。

9.2 任务实施：vsftpd 服务器的配置

9.2.1 vsftpd 服务器的安装、启动与安全设置

1. 安装 vsftpd 服务

前面已经讲解过 DNF 源的配置，此处不再赘述，默认可以直接使用。

```
[root@lihy ~]# rpm -qa|grep vsftpd            /* 检查系统中是否安装了vsftpd主
程序软件包*/
[root@lihy ~]# dnf install vsftpd -y          //安装了 vsftpd 服务
[root@lihy ~]# rpm -qa|grep vsftpd            /* 再次检查发现,vsftpd 主程序软
件已安装*/
vsftpd-3.0.3-35.el8.x86_64
```

2. 启动与停止 vsftpd 服务

```
[root@lihy ~]# systemctl start vsftpd         //启动 vsftpd 服务
[root@lihy ~]# systemctl enable vsftpd        //设置开机自动启动 vsftpd 服务
[root@lihy ~]# systemctl stop vsftpd          //关闭 vsftpd 服务
[root@lihy ~]# systemctl restart vsftpd       //重启 vsftpd 服务
```

3. vsftpd 服务防火墙放行及安全设置

```
[root@lihy ~]# firewall-cmd --permanent --add-service=**ftp**    /* 永久放行
FTP服务*/
```

```
[ root@ lihy ~ ]# firewall - cmd -- reload        //重新加载防火墙,使配置生效
[ root@ lihy ~ ]# firewall - cmd -- list - all     //防火墙列表中已经加入 FTP
......
  services:cockpit dhcpv6 - client ftp
[ root@ lihy ~ ]# setenforce 0
[ root@ lihy ~ ]# getenforce
Permissive
```

9.2.2　vsftpd 服务器的配置文件

1. 主配置文件 vsftpd. conf

vsftpd 服务的主配置文件完整路径为/etc/vsftpd/vsftpd. conf，严格来说，这个文件是 vsftpd 服务唯一的配置文件。这个文件的设定是以与 bash 的变量设定相同的方式来处理的，也就是"参数 = 值"（等号两边不能有空格）的形式。整个配置文件由以下几部分组成：

- 启动主动连接的端口

```
connect_from_port_20 = YES(NO)
```

- ftp – data 的端口号

```
listen_port = 21
```

对于 vsftpd 使用的命令通道 port，如果想要使用非正规的端口号，可以修改该值。

- 显示提示信息

```
dirmessage_enable = YES(NO)
```

当用户进入某个目录时，会显示该目录需要注意的内容，显示的档案默认是 . message，可以结合下一项 message_file 的设置来修改。

```
message_file = . message
```

当 dirmessage_enable = YES 时，可以修改这个设置，通过让 vsftpd 寻找该文件来显示信息。

- 监听方式

```
listen = YES(NO)
```

vsftp 可以运行在两种模式下：一种是 xinted（守护），另一种是 stand alone（独立进程）。在 Red Hat 下默认运行的是后者，因此值为 YES。

- 主动/被动模式

```
pasv_enable = YES(NO)
```

如果支持数据流的被动模式（passive mode），一定要设置为 YES，否则设置为 NO。

- 同步服务器时间

```
use_localtime = YES(NO)
```

是否使用本地时间，vsftpd 预设使用 GMT 时间（格林尼治），所以预设的 FTP 的日期会

比中国晚 8 小时。建议设定为 YES。

- 写入权限

```
write_enable=YES(NO)
```

如果允许用户上传数据，就要启动这个设定值。

- 连接超时

```
connect_timeout=60
```

单位是秒，在数据连接的主动模式下，如果发出的连接信号在 60 秒内得不到客户端的响应，则不等待并强制断线。

```
accept_timeout=60
```

当用户以被动模式进行数据传输时，如果服务器启用被动端口并等待客户端超过 60 秒而无回应，则强制断线。该设定值与 connect_timeout 类似，不过一个是管理主动联机，一个管理被动联机。

- 数据传输超时

```
data_connection_timeout=300
```

如果服务器与客户端的数据联机已经成功建立（不论是主动联机还是被动联机），但是可能由于线路问题而导致 300 秒内还是无法顺利地完成数据的传送，那么客户端的联机就会被 vsftpd 强制断开。

- 空闲超时

```
idle_session_timeout=300
```

如果使用者在 300 秒内没有命令动作，则强制脱机。

- 客户端最大连接个数

```
max_clients=0
```

如果 vsftpd 是以 stand alone 方式启动的，那么这个项目可以设定同一时间最多有多少客户端可以同时连上 vsftpd，并限制使用 FTP 客户端访问的用量。

```
max_per_ip=0
```

与 max_clients 类似，这里是同一个 IP 同一时间可允许多少客户端联机。

- 被动模式端口范围

```
pasv_min_port=0
pasv_max_port=0
```

上面两条语句是与被动模式使用的端口数量有关，想要使用某个端口区间，可以使用这两条语句指定方位，如果是 0，表示随机取用而不限制。

- 登录提示

```
ftpd_banner=一些文字说明
```

当使用者联机进入 vsftpd 时，在 FTP 客户端软件上会显示说明文字。

不过，也可以使用下面的 banner_file 设定值来取代这个设置。

```
banner_file = /path/file
```

该配置项可以指定某个纯文本档作为使用者登录 vsftpd 服务器时所显示的欢迎消息。同时，也能够放置一些让使用者知道本 FTP 服务器的目录架构。

2. 其他 vsftpd 配置文件

除去主配置文件/etc/vsftpd/vsftpd. conf 以外，vsftpd 还可以结合多个配置文件实现不同功能，具体文件见表 9 - 1。

表 9 - 1   vsftpd 其他配置文件

文件名	功能
/usr/sbin/vsftpd	vsftpd 的主程序
/etc/pam. d/vsftpd	PAM 认证文件 vsftpd 的 Pluggable Authentication Modules（PAM）配置文件，主要用来加强 vsftpd 服务器的用户认证
/etc/vsftpd/ftpusers	黑名单 所有位于此文件内的用户都不能访问 vsftpd 服务。当然，为安全起见，这个文件中默认已经包括了 root、bin 和 daemon 等系统账号
/etc/vsftpd/user_list	白名单 ● 当 userlist_deny = NO 时，仅允许文件列表中的用户访问 FTP 服务器 ● 当 userlist_deny = YES 时，这也是默认值，拒绝文件列表中的用户访问 FTP 服务器
/etc/vsftpd/chroot_list	限制用户跳转目录的列表文件，与配置文件的语句搭配使用 ● 当 chroot_local_user = NO 时，列表内用户受限制，列表外用户自由 ● 当 chroot_local_user = YES 时，列表内用户自由，列表外用户受限制
/var/ftp	匿名用户主目录 vsftpd 提供服务的文件集散地，它包括一个 pub 子目录。在默认配置下，所有的目录都是只读的，不过只有 root 用户有写权限
/var/ftp/pub	匿名用户的下载目录

9.2.3 客户端设置及测试

1. 图形界面测试

在窗口模式下，可以通过在地址栏中输入 ftp:∥IP 的方式进行文件的访问，如图 9 - 2 所示。

2. 终端测试

1）登录 FTP 服务器

在命令行模式下，可以通过键入"ftp IP"命令访问 vsftpd 服务。例如，在 RHEL 8. x 环境下，需要先安装 FTP 测试工具，命令为"dnf install ftp - y"，而 Windows 端一般无须安装，可直接访问。在光标处输入用户名和密码，身份验证成功后，命令提示符变为"ftp >"。

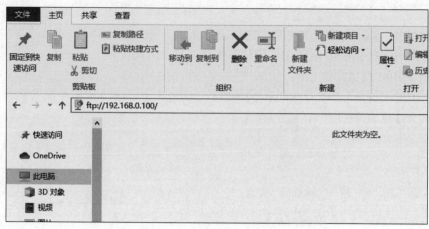

图 9-2　图形界面下 FTP 的访问

```
[root@ client ~]# ftp 192.168.0.100
Connected to 192.168.0.100(192.168.0.100).
220(vsFTPd 3.0.3)
Name(192.168.0.100:root):
```

2）FTP 子命令

- 帮助命令 help 或?

可显示 FTP 内部命令的帮助信息。

```
ftp > help
```

或

```
ftp > ?
```

- 查看 FTP 中的文件列表的命令 ls 或 dir

```
[root@ client ~]# ftp 192.168.0.100
Connected to 192.168.0.100(192.168.0.100).
220(vsFTPd 3.0.3)
Name(192.168.0.100:root):li                    //默认使用系统本地账户登录
331 Please specify the password.
Password:                                       //输入用户密码
230 Login successful.
Remote system type is UNIX.
Using binary mode to transfer files.
ftp > ls
227 Entering Passive Mode(192,168,0,100,172,235).
150 Here comes the directory listing.
- rwxr - - r - -     1 1000      1000             0 May 23 23:20 file. samba
……
```

- 下载 FTP 的文件的命令 get

```
ftp > get file. samba                        //下载文件,退出登录后可见
local:file. samba remote:file. samba
227 Entering Passive Mode(192,168,0,100,165,247).
150 Opening BINARY mode data connection for file. samba(0 bytes).
226 Transfer complete.
```

- 上传 FTP 的文件目录的命令 put

```
[root@ client ~]# ll hello. py
-rw-r--r--.1 root root 2509 5 月    9 14:17 hello. py    //本地文件 hello. py
[root@ client ~]# ftp 192. 168. 0. 100
......
ftp > put hello. py                          /* 将 hello. py 上传到 FTP
服务器*/
local:hello. py remote:hello. py
227 Entering Passive Mode(192,168,0,100,113,145).
150 Ok to send data.
226 Transfer complete.
2509 bytes sent in 0. 000161 secs(15583. 85 Kbytes/sec)
ftp > ls
227 Entering Passive Mode(192,168,0,100,145,229).
150 Here comes the directory listing.
-rwxr--r--    1 1000    1000        0 May 23 23:20 file. samba
-rw-r--r--    1 1000    1000     2509 May 31 04:54 hello. py
```

- 创建和删除目录的 FTP 命令 mkdir 和 rmdir

```
ftp > mkdir dir                    //创建目录 mkdir
257 "/home/li/dir" created
ftp > rmdir dir                    //删除目录 rmdir
250 Remove directory operation successful.
ftp > mkdir share
257 "/home/li/share" created
ftp > ls
227 Entering Passive Mode(192,168,0,100,230,211).
150 Here comes the directory listing.
-rwxr--r--    1 1000    1000        0 May 23 23:20 file. samba
drwxr-xr-x    2 1000    1000        6 May 23 21:28 lkfsgh
drwxr-xr-x    2 1000    1000        6 May 31 04:25 share
......
```

- 切换和显示 FTP 的目录的命令 cd 和 pwd

```
ftp > cd share
250 Directory successfully changed.
ftp > pwd
```

```
257 "/home/li/share" is the current directory
```

- 关闭和重连的 FTP 命令 close 和 open

```
ftp > close                    //关闭 FTP 的命令
221 Goodbye.
ftp > open 192.168.0.100    //重新连接 FTP 服务器
Connected to 192.168.0.100(192.168.0.100).
220(vsFTPd 3.0.3)
Name(192.168.0.100:root):li
331 Please specify the password.
Password:
230 Login successful.
Remote system type is UNIX.
Using binary mode to transfer files.
```

- 退出 FTP 会话的命令 quit 或 Goodbye

```
ftp > quit
221 Goodbye.
```

任务 2　vsftpd 服务器的实例

任务目标

搭建 FTP 服务器，允许匿名用户上传和下载文件，匿名用户的根目录设置为/var/ftp。

9.3.1　任务实施：匿名用户访问 FTP 服务

配置流程如图 9 - 3 所示。

1. 编辑配置文件/etc/vsftpd/vsftpd. conf

修改配置文件前，先备份，再确保该文件中有以下语句。

```
[root@ lihy ~]# cp  /etc/vsftpd/vsftpd. conf  /etc/vsftpd/vsftpd. conf. bak
[root@ lihy ~]# vi  /etc/vsftpd/vsftpd. conf
anonymous_enable = YES                         //允许匿名用户登录
anon_root =/var/ftp                            //设置匿名用户的根目录为/var/ftp
anon_upload_enable = YES                       //允许匿名用户上传文件
anon_mkdir_write_enable = YES                  //允许匿名用户创建文件夹
```

注意：

- 如语句前有"#"，则去掉。
- "="后的值确保一致。
- 如果没有该语句，则需要在配置文件中加入，位置不固定，建议追加到末尾。

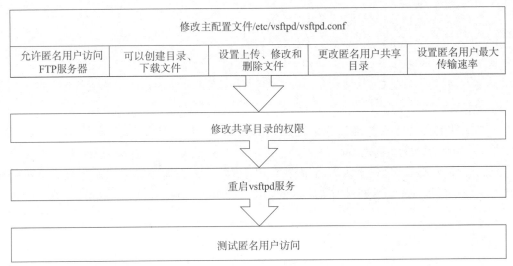

图 9-3 匿名用户访问配置流程

2. 重启 vsftpd 服务

每次修改配置文件后，都要立刻重启配置文件。

```
[root@lihy ~]# systemctl restart vsftpd
```

并且确保防火墙放行，且 SELinux 已经关闭。如已完成，可跳过以下步骤。

```
[root@lihy ~]# firewall-cmd --permanent --add-service=ftp
success
[root@lihy ~]# firewall-cmd --reload
success
[root@lihy ~]# setenforce 0
```

3. 设置本地共享文件夹权限

由于配置文件中的"anon_root=/var/ftp"语句中指定了共享目录为"/var/ftp"，因此，需要为匿名用户对该目录下的 pub 子目录赋予相应的权限。此处有两种方法：

```
[root@lihy ~]# ll -d /var/ftp/pub/
drwxr-xr-x.2 root root 6 1 月　 7 2022 /var/ftp/pub/
[root@lihy ~]# touch /var/ftp/pub/ftp.file              //添加共享文件,便于测试
```

方法一：对于该目录来说，匿名用户（ftp）的访问既非属主，也非属组身份，因此需要对其他用户开放权限。

```
[root@lihy ~]# chmod -R 757 /var/ftp/pub/
[root@lihy ~]# ll -d /var/ftp/pub/
drwxr-xrwx.2 root root 6 1 月　 7 2022 /var/ftp/pub/
```

但是这种方法有一个弊端，即，其他身份开启读写执行权会在一定程度上对系统造成安全隐患，所以建议用方法二。

方法二：系统账号 ftp 用户用于 vsftpd 服务匿名身份访问，因此可以将共享目录的属主

设置为 ftp，命令如下：

```
[root@lihy ~]# chown -R ftp /var/ftp/pub/
[root@lihy ~]# chmod -R 755 /var/ftp/pub/
[root@lihy ~]# ll -d /var/ftp/pub/
drwxr-xr-x.2 ftp root 22 5月 31 17:08 /var/ftp/pub/
```

4. 测试

在"文件资源管理器"地址栏中输入"ftp://192.168.0.100/"打开共享目录，可以看到如图 9-4 所示界面。进入 pub 目录后，可以看到测试文件，此时可以下载或上传文件，但是无法修改或删除。这是因为匿名用户的访问权限一般情况下会受限，如确实需要修改、删除等权限，可以在配置文件中添加"anon_other_write_enable = YES"语句。

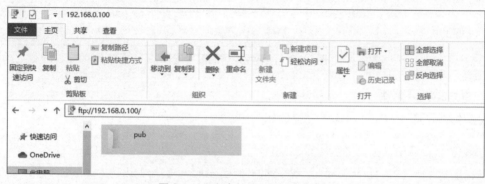

图 9-4　客户端访问 FTP 服务器

任务目标

公司内部有一台由 vsftpd 搭建的 FTP 服务，现需要使用 FTP 服务更新、维护 Web 网站，目录为/website/html/，包括上传文件、创建目录、更新网页等操作。公司技术部的员工负责维护该站点，对应账号分别为 techa 和 techb，要求这两个账号可以且只可以登录 FTP 服务器，并进行维护操作，但不能在本地服务器登录。注意：techa 和 techb 账号需要禁锢在站点根目录下，不能进入该目录以外的任何目录。

9.3.2　任务实施：vsftpd 服务器的本地用户访问

需求分析：将 FTP 服务器和 Web 服务器配置在一起是企业经常采用的方法，这样方便实现对网站的维护。为了增强安全性，首先需要仅允许本地用户访问，并禁止匿名用户登录。然后使用 chroot 功能将 techa 和 techb 锁定在/website/html 目录下。如果需要删除文件，则还需要注意本地权限。

配置流程如图 9-5 所示。

1. 创建 FTP 用户

建立维护站点目录的技术部账号 techa、techb，再创建 user 账户用于测试差异，并为以上用户设置密码。

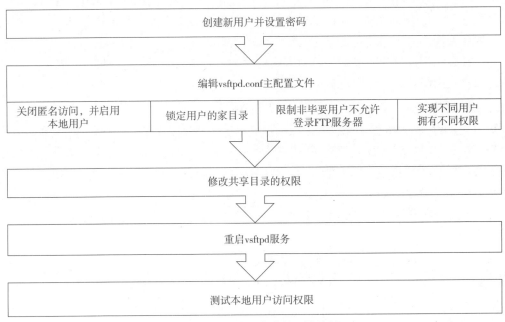

图9-5 本地用户访问配置流程

```
[root@lihy ~]# groupadd tech
[root@lihy ~]# useradd -g tech -s /sbin/nologin techa
[root@lihy ~]# useradd -g tech -s /sbin/nologin techb
[root@lihy ~]# useradd -g tech -s /sbin/nologin manager
[root@lihy ~]# passwd techa
[root@lihy ~]# passwd techb
[root@lihy ~]# passwd user
```

2. vsftpd 服务器配置文件的编辑

- **主配置文件**

如果之前修改过配置文件，则可以用备份文件进行还原，命令如下：

```
[root@lihy ~]# cp /etc/vsftpd/vsftpd.conf.bak /etc/vsftpd/vsftpd.conf
cp:是否覆盖'/etc/vsftpd/vsftpd.conf'? y
[root@lihy ~]# vim /etc/vsftpd/vsftpd.conf
anonymous_enable=NO                      //禁止匿名用户登录
local_enable=YES                         //允许本地用户登录
local_root=/website/html                 //设置本地用户的根目录为/website/html
user_list_enable=YES                     //默认已存在,不用修改
chroot_local_user=YES                    //是否限制本地用户
chroot_list_enable=YES                   //激活 chroot 功能
chroot_list_file=/etc/vsftpd/chroot_list //设置锁定用户在根目录中的列表文件
allow_writeable_chroot=YES               //允许 chroot 限制,否则会出现连接错误
```

将用户锁定在共享目录中有两种方法，上述配置文件中最后4行是第一种方法，也是推

荐用法，即除/etc/vsftpd/chroot_list 文件内列出的用户外，其他用户都被限定在固定目录，也就是除特殊用户需要随意切换目录外，其余用户都被限定在固定目录内。即，列表内用户自由，列表外用户受限制。

另一种方法正好相反，也就是除列表内的用户外，其他用户都可以自由转换目录。即，列表内用户受限制，列表外用户自由。语句如下：

```
chroot_local_user=NO              //本条语句值为 NO,也是默认值
chroot_list_enable=YES
chroot_list_file=/etc/vsftpd/chroot_list
allow_writeable_chroot=YES
```

- 用户列表文件/etc/vsftpd/chroot_list

将需要禁锢在共享目录中的用户账号写入/etc/vsftpd/chroot_list 列表文件，每行对应一个用户名。

```
[root@lihy ~]# vim /etc/vsftpd/chroot_list
manager              //将用户 manager 放入列表文件,以确保其可以切换目录
```

- 将 li 用户追加到 ftpusers 文件中，以禁止 li 用户登录 FTP 服务器

```
[root@lihy ~]# vim /etc/vsftpd/ftpusers
......
li
```

- 重启 vsftpd 服务

```
[root@lihy ~]# systemctl restart vsftpd
```

注意：请确保防火墙已放行 FTP 服务、SELinux 已关闭。

3. 本地文件夹的设置

主配置文件/etc/vsftpd/vsftpd.conf 中，"local_root=/website/html"语句中指定了 Web 站点保存路径，因此需要创建并为 FTP 用户设置相应权限。

```
[root@lihy ~]# mkdir -p /website/html
[root@lihy ~]# cd /website/html/
[root@lihy html]# echo "welcome to my website" > index.html
[root@lihy html]# ll -d /website/html/
drwxr-xr-x.2 root root 24 5月 31 20:43 /website/html/
[root@lihy html]# chown -R :tech /website/html/
[root@lihy html]# chmod -R 775 /website/html/
[root@lihy html]# ll -d /website/html/
drwxrwxr-x.2 root tech 24 5月 31 20:43 /website/html/
```

4. 客户端设置及测试

此时服务器端配置基本完成，在测试时会发现用户依然无法登录，在终端下使用 ftp 命令登录时，会报错"530 Login incorrect."。解决方法有：

①查看/etc/ftpusers，确保登录账号没有在这个文件内。

②修改/etc/pam.d/vsftpd，将 auth required pam_shells.so 修改为 -> auth required pam_ nologin. so。

③再次重启 vsftpd。

```
[root@client ~]# ftp 192.168.0.100
Connected to 192.168.0.100(192.168.0.100).
220(vsFTPd 3.0.3)
Name(192.168.0.100:root):techa                       //techa 用户登录 FTP 服务器
331 Please specify the password.
Password:                                             //输入密码验证身份
......
ftp > pwd                                             //查看当前所在路径
257 "/" is the current directory
ftp > ls                                              //当前目录下可见 index. html 文件
......
-rwxrwxr-x    1 0        1007        22 May 31 12:43 index. html
ftp > put myweb. html                                 //上传新的网页文件
......
226 Transfer complete.
ftp > ls
......
-rwxrwxr-x    1 0        1007        22 May 31 12:43 index. html
-rw-r--r--    1 1004     1007         0 May 31 13:41 myweb. html
226 Directory send OK. ftp > close                    //断开连接
221 Goodbye.
ftp > open 192.168.0.100                              //重新登录 FTP 服务器
......
Name(192.168.0.100:root):manager                      //使用 manager 登录
331 Please specify the password.
Password:
......
ftp > ls                                              //访问到相同文件
......
-rwxrwxr-x    1 0        1007        22 May 31 12:43 index. html
-rw-r--r--    1 1004     1007         0 May 31 13:41 myweb. html
226 Directory send OK.
ftp > pwd                                             //显示当前所在路径不同,因为用户未被禁锢
257 "/website/html" is the current directory
ftp > cd/etc                                          //可以任意切换路径
250 Directory successfully changed.
ftp > pwd
257 "/etc" is the current directory
ftp > get passwd                                      //从服务器上下载重要配置文件
```

```
......
226 Transfer complete.
2849 bytes received in 2.5e-05 secs(113960.00 Kbytes/sec)
ftp>bye
221 Goodbye.
[root@client ~]# ll passwd
-rw-r--r--.1 root root 2849 5 月  31 21:32 passwd
[root@client ~]# ftp 192.168.0.100
......
Name(192.168.0.100:root):li                    //使用 li 用户的身份登录
331 Please specify the password.
Password:
530 Login incorrect.
Login failed.                        //由于 li 用户已经写入 ftpusers 文件中,登录失败
```

通过上述实验可以证明，由于配置文件中的"chroot_local_user"语句与列表文件"/etc/vsft-pd/chroot_list"语句搭配使用，使部分用户被禁锢在共享目录中，从而实现更安全的访问效果。

任务目标

公司需要进一步提高网络安全保护等级，因此需要摒弃 FTP 服务的匿名访问和本地用户访问权限，改为虚拟用户访问的方式登录 FTP 服务。现在需要 vsupload 和 vsdownload 两个虚拟用户，其中，vmup 可以上传文件，vmdown 可以下载文件。

9.3.3 任务实施：vsftpd 服务器的虚拟用户访问

需求分析：对于匿名登录，由于任何人都可以进入 FTP 服务器，安全性无法保障；而本地用户登录，由于其有权登录到本地服务器中，如果该用户的用户信息、密码被泄露，同样不利于维护服务器的安全。因此，使用虚拟用户访问是更为稳妥的方案。

虚拟用户的配置流程如图 9-6 所示。

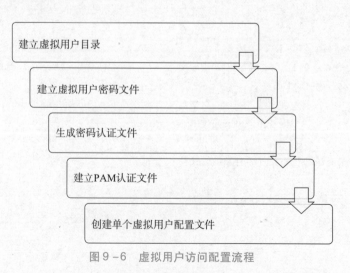

图 9-6 虚拟用户访问配置流程

1. 创建虚拟用户数据库

• 创建虚拟用户目录

在正式创建虚拟用户之前，先要在 FTP 服务器上创建一个用户 vsftpuser，用来映射所有虚拟用户。命令如下：

```
[root@lihy ~]# useradd -d /ftpuser -s /sbin/nologin vsftpuser
```

此时根目录会出现/ftpuser，作为所有虚拟用户的宿主目录。为了方便后面的访问，将该目录的访问权限设为 777，命令如下：

```
[root@lihy ~]# chmod 777 /ftpuser
[root@lihy ~]# ll -d /ftpuser/
drwxrwxrwx. 3 vsftpuser vsftpuser 78 6 月  1 18:48 /ftpuser/
```

• 创建虚拟用户密码文件

使用 vim 编辑器创建用户密码文件，该文件是一个文本文件，其中，奇数行为用户名，偶数行为用户密码，文件名可任意定。使用以下命令创建一个 ftpuserlist 文件，命令如下：

```
[root@lihy ~]# vim /etc/vsftpd/ftpuserlist
vsupload
123
vsdownload
321
```

以上便创建了虚拟用户 vsupload（密码：123）和 vsdownload（密码：321）（在实验环境下，密码较为简单，在生产环境中，密码要符合密码策略）。

• 生成密码认证文件

建立好虚拟用户密码文件后，接下来要使用 db_load 命令创建密码库文件，命令如下：

```
[root@lihy ~]# cd /etc/vsftpd/
[root@lihy ~]# db_load -T -t hash -f ftpuserlist ftpuserlist.db
[root@lihy ~]# ls ftpuserlist*
ftpuserlist  ftpuserlist.db
```

db_load 命令中，选项 −T 运行应用程序能够将文本文件转译载入数据库。如果指定了选项 −T，那么一定要跟子选项 −t，用来指定转译载入的数据库类型为 hash。此外，还有 Btree、Queue、Recon 数据库。−f 参数后面指定了已经写好的用户密码文本文件。ftpuserlist.db 为数据库文件，其内容无法直接查看。

2. 配置 PAM 文件

创建好密码认证文件后，接下来需要编辑 vsftpd 的 PAM 认证文件。该文件保存在/etc/pam.d/目录中，名为 vsftpd，且 vsftpd.bak 为其备份文件。编辑该文件的命令如下：

```
[root@lihy ~]# vim /etc/pam.d/vsftpd0
#% PAM -1.0
session   optional   pam_keyinit.so   force revoke
auth   required   pam_listfile.so   item =user   sense =deny   file =/etc/vsftpd/
ftpusers   onerr =succeed
```

```
auth        required    pam_nologin. so
auth        include     password - auth
account     include     password - auth
session     required    pam_loginuid. so
session     include     password - auth
```

将以上文件的原本内容注释掉,也就是在每行前加上"#",并添加以下两行

```
auth        required    pam_userdb. so  db = /etc/vsftpd/ftpuserlist
account     required    pam_userdb. so  db = /etc/vsftpd/ftpuserlist
```

db = 后面的路径为/etc/vsftpd/ftpuserlist,要与前面使用 db_load 命令生成的密码库的路径一致, 不需要输入扩展名。

3. 修改主配置文件/etc/vsftpd/vsftpd. conf

编辑主配置文件/etc/vsftpd/vsftpd. conf, 禁用匿名用户, 开启本地用户访问, 并启用虚拟用户, 命令如下:

```
[ root@ lihy ~]# vim  /etc/vsftpd/vsftpd. conf
anonymous_enable = NO
local_enable = YES
write_enable = YES
chroot_local_user = YES
allow_writeable_chroot = YES
guest_enable = YES              //启用虚拟用户
guest_username = vsftpuser      //将虚拟用户映射为本地用户
pam_service_name = vsftpd       //指定由 pam 文件验证用户,文件名为 ftp. vu
```

这样, 所有通过虚拟用户登录到 FTP 服务器上的用户都被映射为 vsftpuser, 且虚拟用户的宿主目录为/ftpuser。

4. 为指定虚拟账户创建用户配置文件

• 再次修改主配置文件

对于不同的虚拟用户, 可分别设置权限。如前面的要求, 用户 vsupload 可以上传文件, 用户 vsdownload 可以下载文件。因此, 需要在 vsftpd. conf 主配置文件中添加以下语句, 用于指定用户配置文件的目录。

```
[ root@ lihy ~]# vim  /etc/vsftpd/vsftpd. conf
user_config_dir = /etc/vsftpd/vuser
```

• 创建 vuser 目录及用户同名配置文件

```
[ root@ lihy ~]# mkdir  /etc/vsftpd/vuser
[ root@ lihy ~]# cd  /etc/vsftpd/vuser/
[ root@ lihy vuser]# touch vsupload
[ root@ lihy vuser]# touch vsdownload
```

• 分别编辑用户配置文件

```
[ root@ lihy vuser]# vim vsupload
anon_upload_enable = YES
```

```
anon_mkdir_write_enable = YES
download_enable = NO
[root@lihy vuser]# vim vsdownload
anon_upload_enable = NO
anon_mkdir_write_enable = NO
download_enable = YES
```

- 重启 vsftpd 服务

```
[root@lihy vuser]# systemctl restart vsftpd
```

5. 测试

- 测试 vsupload 用户

```
[root@client ~]# ftp 192.168.0.100
......
Name(192.168.0.100:root):vsupload                    //使用 vsupload 用户登录
331 Please specify the password.
Password:
......
ftp>mkdir upload                                     //创建目录成功
257 "/upload" created
ftp>ls
227 Entering Passive Mode(192,168,0,100,112,19).
150 Here comes the directory listing.
drwx------    2 1006    1006              6 Jun 01 12:59 upload
226 Directory send OK.
ftp>put file.tar                                     //可以上传文件
......
ftp>ls
227 Entering Passive Mode(192,168,0,100,36,129).
150 Here comes the directory listing.
-rw-------    1 1006    1006          10240 Jun 01 13:01 file.tar
drwx------    2 1006    1006              6 Jun 01 12:59 upload
226 Directory send OK.
ftp>get file.tar                                     //无法下载文件
local:file.tar remote:file.tar
227 Entering Passive Mode(192,168,0,100,213,43).
550 Permission denied.
```

- 测试 vsdownload 用户

```
[root@client ~]# touch /ftpuser/down.file            /* 在服务器本地创建一个
文件用于下载*/
[root@client ~]# ftp 192.168.0.100
......
```

```
Name(192.168.0.100:root):vsdownload          //使用vsdownload用户登录
331 Please specify the password.
Password:
......
ftp>ls
227 Entering Passive Mode(192,168,0,100,44,94).
150 Here comes the directory listing.
-rw-r--r--    1 0         0              0 Jun 01 13:06 down.file
-rw-------    1 1006      1006       10240 Jun 01 13:01 file.tar
drwx------    2 1006      1006           6 Jun 01 12:59 upload
226 Directory send OK.
ftp>put hello.py                              //上传文件失败
local:hello.py remote:hello.py
227 Entering Passive Mode(192,168,0,100,236,234).
550 Permission denied.
ftp>mkdir download                            //创建目录失败
550 Permission denied.
ftp>get down.file                             //下载服务器文件成功
local:down.file remote:down.file
227 Entering Passive Mode(192,168,0,100,140,26).
150 Opening BINARY mode data connection for down.file(0 bytes).
226 Transfer complete.
ftp>bye
```

【课后练习】

1. FTP 是 Internet 提供（   ）的服务。

A. 远程登录   B. 文件传输   C. 电子公告板   D. 电子邮件

2. FTP 传输中使用（   ）端口。

A. 23 和 24   B. 21 和 22   C. 20 和 21   D. 22 和 23

3. 客户机从 FTP 服务器下载文件使用（   ）命令。

A. dir   B. get   C. put   D. bye

4. 若 Linux 用户需要将 FTP 默认的 21 号端口修改为 8800，可以修改（   ）配置文件。

A. /etc/vsftpd/userconf   B. /etc/vsftpd/vsftpd.conf

C. /etc/resolv.conf   D. /etc/hosts

5. vsftp 服务中的匿名账户是（   ）。

A. ftp   B. root   C. administrator   D. admin

6. 用户加入（   ）文件中可能会阻止用户访问 FTP 服务器。

A. ftpusers   B. user_list   C. vsftpd.conf   D. dhcpd.conf

项目十
DNS 服务器的配置

知识目标

1. 了解域名解析。
2. 了解空间的概念。
3. 了解 DNS 的类型及查询模式。
4. 熟悉 DNS 服务的工作过程。
5. 熟悉 DNS 客户机更新租约的过程。
6. 掌握安装、配置 DNS 服务器的方法步骤。
7. 掌握配置、测试 DNS 客户机的方法步骤。

技能目标

1. 会安装 unbound 软件包。
2. 会启动和停止 unbound 服务进程。
3. 能配置和管理 DNS 服务器。
4. 会配置 DNS 客户机。
5. 能测试 DNS 服务器的运行效果。

素养目标

能够按照职业规范完成任务实施。

项目介绍

BITCUX 网络公司网络管理员要以 Linux 网络操作系统作为平台，搭建综合的网络服务器，包括 DNS 服务器、FTP 服务器、WWW 服务器等。为了便于员工记忆，无须记住复杂无序的 IP 地址，从而使用域名访问各个服务器，因此需要搭建 DNS 服务。

任务 1 DNS 基础

任务目标

BITCUX 公司管理员要为公司配置一台 DNS 服务器，该服务器的 IP 地址为 192. 168. 0. 100，在搭建之前，需要先安装该 DNS 服务。进过调研，选择使用 unbound 来实现 Linux 操作系统下的 DNS 服务。

10.1 知识链接：DNS 概述

10.1.1 什么是 DNS

每当我们打开浏览器访问网页时，就会使用到 DNS 服务器。这是因为在 TCP/IP 网络中，每台主机必须有唯一的 IP 地址，当某台主机要访问另一台主机上的资源时，必须指定另一台主机的 IP 地址，通过 IP 地址找到这台主机后，才能访问这台主机。但是，当网络的规模较大时，IP 地址就不便使用了，所以，出现了主机名与 IP 地址之间的一种对应解决方案，可以通过更符合人脑的记忆方式记住主机地址而非便于计算机识别的方式访问。其实，这种解决方案中使用了解析的概念和原理，单独通过主机名是无法建立网络连接的，只有通过解析的过程，在主机名和 IP 地址之间建立映射关系后，才可以通过主机名间接的通过 IP 地址建立网络连接。

早期在小型网络中多使用 hosts 文件来完成主机与 IP 地址之间的映射关系，后来，随着网络规模的增大，为了满足不同组织的要求，以实现一个可伸缩、可自定义的命名方案的需要，DNS 便应运而生。

把域名翻译成 IP 地址的软件称为域名系统，即 DNS。它是一种名称管理方法。这种方法是：分不同的组来负责各子系统的名字。系统中的每一层叫作一个域，每个域用一个点分开。所谓域名服务器（Domain Name Server，Name Server），实际上就是装有域名系统的主机。它是一种能够实现名字解析（name resolution）的分层结构数据库。

10.1.2 DNS 域名空间结构

在域名系统中，每台计算机的域名由一系列用点分开的字母和数字组成。例如，某台计算机的 FQDN（Fully Qualified Domain Name，完全限定域名）为 www. abc. cn，其域名应为 abc. com。而另一台主机的 FQDN 为 www. xyz. abc. com，则表示其域名应为 xyz. abc. com。由此可见，域名是有层次的，域名中最重要的部分位于右边。FQDN 中最左边的部分是该计算机的主机名。

DNS 的域名空间分层结构如图 10-1 所示，整个 DNS 域名空间结构如同一个层次结构清晰的树根。

目前互联网上的域名体系中共有三类顶级域名：类别顶级域名、地理顶级域名、新顶级域名。分别介绍如下：

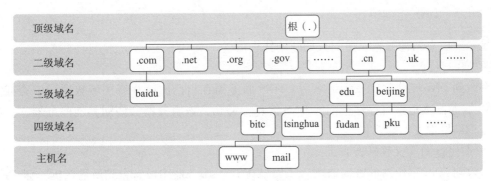

图 10 – 1　DNS 域名空间的分层结构

第一类是类别顶级域名，共有 7 个，也就是现在通常所说的国际域名。由于 Internet 最初是在美国发源的，因此最早的域名并无国家标识，人们按用途把它们分为几个大类，它们分别以不同的后缀结尾：.com（用于商业公司）、.net（用于网络服务）、.org（用于组织协会等）、.gov（用于政府部门）、.edu（用于教育机构）、.mil（用于军事领域）、.int（用于国际组织）。最初的域名体系也主要供美国使用，因此，美国的企业、机构、政府部门等所用的都是"国际域名"，随着 Internet 向全世界的发展，.edu、.gov、.mil 一般只被美国专用，另外三类常用的域名 .com、.org、.net 则全世界通用，因此这类域名通常称为"国际域名"。

第二类是地理顶级域名，共有 243 个国家和地区的代码，例如 .CN 代表中国，.UK 代表英国（详见全球国家/地区顶级地理域名后缀）。这样以 .CN 为后缀的域名就相应地叫作"国内域名"。

第三类顶级域名，也就是所谓的新顶级域名，是 ICANN 根据互联网发展需要，在 2000 年 11 月做出决议，从 2001 年开始使用的国际顶级域名，也包含 7 类：biz、info、name、pro、aero、coop、museum。其中，前 4 个是非限制性域，后 3 个是限制性域。例如，aero 需是航空业公司注册，museum 需是博物馆，coop 需是集体企业（非投资人控制，无须利润最大化）注册。

顶级域由 ICANN 管理，顶级域管理二级域。我国（.cn 名下）将二级域名分为以下两类：

1. 类别域名

我国的类别域名有 6 个：.ac 表示科研机构，.com 表示工、商、金融企业，.net 表示互联网络、接入网络的信息中心和运行中心，.gov 表示政府部门，.edu 表示教育机构，.org 表示非营利性组织。

2. 行政区域名

行政区域有 34 个，供各省、自治区、直辖市和特别行政区使用。例如，.bj 表示北京市，.he 表示河北省，.ln 表示辽宁省，.sh 表示上海市等。

二级域名管理三级域名，在二级域名 .edu 下申请三级域名由中国教育和科研计算机网络中心负责，例如，清华大学为 tsinghua，复旦大学为 fudan，北京大学为 pku。

从图 10 – 1 中可以看出，如果 bitc 有一台主机称为 mail，那么这台主机的 FQDN 则为 mail. bitc. edu. cn。如果其他单位也有一台主机叫作 mail，由于它们的上一级域名不同，也可以保证域名不相同。

10.1.3　DNS 查询模式

域名解析有两种方式：递归查询和迭代查询。

- 递归查询

在收到 DNS 工作站的查询请求后，DNS 服务器在自己的缓存或区域数据库中查找。如果 DNS 服务器本地没有存储查询的 DNS 信息，那么，该服务器会询问其他服务器，并将返回的查询结果提交给客户机。

- 迭代查询（又称转寄查询）

在收到 DNS 工作站的查询请求后，如果在 DNS 服务器中没有查到所需数据，该 DNS 服务器便会告诉 DNS 工作站另外一台 DNS 服务器的 IP 地址，然后由 DNS 工作站自行向此 DNS 服务器查询，依此类推，直到查到所需数据为止。如果到最后一台 DNS 服务器都没有查到所需数据，则通知 DNS 工作站查询失败。一般在 DNS 服务器之间的查询请求便属于转寄查询（DNS 服务器也可以充当 DNS 工作站的角色）。

10.1.4　DNS 服务器类型

1. 主域名服务器

负责维护一个区域的所有域名信息，是特定的所有信息的权威信息源，数据可以修改。构建主域名服务器时，需要自行建立所负责区域的地址数据文件。

2. 从域名服务器

当主域名服务器出现故障、关闭或负载过重时，从域名服务器作为备份服务提供域名解析服务。从域名服务器提供的解析结果不是由自己决定的，而是来自主域名服务器。构建从域名服务器时，需要指定主域名服务器的位置，以便服务器能自动同步区域的地址数据库。

3. 缓存域名服务器

只提供域名解析结果的缓存功能，目的在于提高查询速度和效率，但没有域名数据库。它从某个远程服务器取得每次域名服务器查询的结果，并将它放在高速缓存中，以后查询相同的信息时，用它予以响应。缓存域名服务器不是权威性服务器，因为提供的所有信息都是间接信息。构建缓存域名服务器时，必须设置根域或指定其他 DNS 服务器作为解析来源。

4. 转发域名服务器

负责所有非本地域名的本地查询。转发域名服务器接到查询请求后，在其缓存中查找，如找不到，就将请求依次转发到指定的域名服务器，直到查找到结果为止，否则返回无法映射的结果。

10.2　任务实施：unbound 服务器的安装与启动

10.2.1　unbound 服务基础

RHEL 8. x 自带了 bind 和 unbound 两种 DNS 服务包，unbound 是红帽公司推荐使用的 DNS 服务器。目前，虽然 bind 在全球拥有最多的用户，但这个老牌产品是针对简单网络设计的，随着网络的迅速发展，bind 系统已经越来越不适应在如今复杂的大规模网络环境下提供 DNS 服务了。

unbound 是 FreeBSD（类 UNIX）操作系统下的默认 DNS 服务器软件，它是一个功能强大、安全性高、跨平台（类 UNIX、Linux、Windows）、易于配置，以及支持验证、递归（转发）、缓存等功能的 DNS 服务软件，其主要安装文件有：

（1）unbound – 1.16.2 – 2. el8. x86_64. rpm：DNS 的主程序包。

（2）unbound – libs – 1.16.2 – 2. el8. x86_64. rpm：进行域名解析必备的库文件。

10.2.2 unbound 服务器的安装、启动与安全设置

1. 安装 unbound 服务

前面已经讲解过 DNF 源的配置，此处不再赘述，默认可以直接使用。

```
[root@lihy ~]# rpm - qa|grep unbound        //检查发现,系统中未安装 unbound 主程序软件包
[root@lihy ~]# dnf clean all                //安装前先清除缓存
[root@lihy ~]# dnf install unbound - y       //安装 unbound 服务
[root@lihy ~]# rpm - qa|grep unbound        //再次检查发现,unbound 主程序软件已安装
unbound - 1.16.2 - 2. el8. x86_64
……
```

2. 启动与停止 unbound 服务

```
[root@lihy ~]# systemctl start unbound       //启动 unbound 服务
[root@lihy ~]# systemctl enable unbound      //设置开机自动启动 unbound 服务
[root@lihy ~]# systemctl stop unbound        //关闭 unbound 服务
[root@lihy ~]# systemctl restart unbound     //重启 unbound 服务
```

3. unbound 服务防火墙放行及安全设置

```
[root@lihy ~]# firewall - cmd -- list - all              //查看防火墙放行服务列表
……
  services:cockpit dhcpv6 - client http
……
[root@lihy ~]# firewall - cmd -- permanent -- add - service = dns    //永久放行 DNS
[root@lihy ~]# firewall - cmd -- reload                //重新加载防火墙,使配置生效
[root@lihy ~]# firewall - cmd -- list - all              //防火墙列表中已经加入 unbound
……
  services:cockpit dhcpv6 - client http dns
[root@lihy ~]# setenforce 0
[root@lihy ~]# getenforce
Permissive
```

10.2.3 客户端的配置及测试

1. Linux 客户端

Linux 下指定 DNS 服务器有多种配置方法。

方法一：修改解析文件

```
[root@client ~]# vim /etc/resolv.conf
# Generated by NetworkManager
```

```
search bitc
```

该文件中，search 用于指明域名搜索顺序，当查询没有域名后缀的主机名时，将自动附加由 search 指定的域名。需要配置 DNS 服务器时，要在文件中添加 nameserver 语句，用于指明域名服务器的 IP 地址。文件内容如下：

```
nameserver 192.168.0.100
nameserver8.8.8.8
```

/etc/resolv. conf 可以设置多个 DNS 服务器，查询时，按照文件中指定的顺序解析域名。当第一个 DNS 没有响应时，才向下面的 DNS 服务器发出域名解析请求。

方法二：使用 nmcli 命令配置 DNS

配置 DNS 为 8.8.8.8：

```
root@ lihy ~]# nmcli connection modify ens160 ipv4. dns "8.8.8.8"
[root@ lihy ~]# nmcli c reload ens160
[root@ lihy ~]# nmcli c up ens160
```

配置主 DNS 为 192.168.0.100，辅 DNS 为 8.8.8.8：

```
[root@ lihy ~]# nmcli connection modify ens160 ipv4. dns "192.168.0.100 8.8.8.8"
[root@ lihy ~]# nmcli c reload ens160
[root@ lihy ~]# nmcli c up ens160
```

2. Windows 客户端

同样，如需在 Windows 客户端配置首选 DNS 为"192.168.0.100"，备用 DNS 为"8.8.8.8"，则在相应的网络连接状态下，在"Internet 协议版本 4（TCP/IPv4）属性"栏里配置"首选 DNS 服务器"，如图 10 - 2 所示。

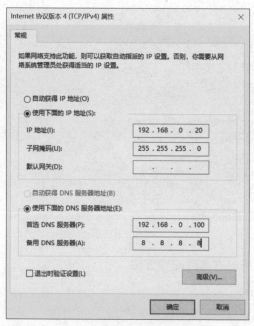

图 10 - 2　Windows 客户端配置

任务 2 unbound 服务器的域名解析

任务目标

BITCUX 的 DNS 服务已经安装完毕，其 IP 地址为 192.168.0.100，DNS 服务器的域名为 dns. bitc. com。要求为公司每个服务器的域名提供正、反向解析服务，具体要求见表 10 – 1。

表 10 – 1 DNS 主机记录的规划

服务器名称	域名	IP 地址	备注
DNS	dns. bitc. com	192.168.0.100	
Web	www. bitc. com	192.168.0.11	
FTP	ftp. bitc. com		CNAME

10.3 任务实施：unbound 服务器的配置

10.3.1 unbound 服务器配置文件的编辑

unbound 服务也遵从 Linux 下各服务的配置文件命名规则，主配置文件名为/etc/unbound/unbound. conf，通过修改该文件并结合区域文件，可以达到搭建 DNS 服务器的目的。命令如下：

```
[root@lihy ~]# vim /etc/unbound/unbound.conf
```

1. 监听所有接口

在 server 子句中，定义网络监听，以下分别为监听 IPv4 地址和 IPv6 地址：

```
# interface:192.0.2.153
# interface:2001:DB8::5
```

如需监听所有接口，则将主配置文件中的原语句：

```
# interface:0.0.0.0
```

改为：

```
interface:0.0.0.0
```

2. 允许给所有地址解析服务

在 server 子句中，可以定义访问控制列表，使用 access – control 指定哪些客户端可以进行递归查询。其中，控制类型包括：

- allow：允许访问。
- refuse：阻止访问，并将 DNS REFUSED 错误发送给客户端。
- deny：阻止访问，不发送响应。

此处应将将主配置文件语句：

```
# access - control:0. 0. 0. 0/0 refuse
```

改为：

```
access - control:0. 0. 0. 0/0 allow
```

使任何用户都可以访问。

3. 允许给所有用户访问

将主配置文件语句：

```
username:"unbound"
```

改为：

```
username:""
```

4. 包含语句

该句无须修改，只需确保已经存在于配置文件中，下一步将修改该目录下的区域配置文件。

```
include:/etc/unbound/local. d/* . conf
```

10. 3. 2　区域数据配置文件的编辑

该文件是用来保存域名和 IP 地址真实对应关系的数据配置文件。其保存路径为/etc/un-bound/local. d/，每个需要解析的区域都可以单独建立一个以".conf"结尾的配置文件，该文件中包含了区域名称、正向解析记录和反向解析记录等内容。DNS 中的资源记录包括内容见表 10 - 2。

表 10 - 2　DNS 中的资源记录

记录类型	作用
SOA（Start Of Authority）	起始授权机构记录，SOA 记录说明负责解析的 DNS 服务器中哪一个是主服务器
NS（Name Server）	将子域名指定其他 DNS 服务器解析
MX（mail eXchanger）	将域名指向邮件服务器地址
A（Address）	A 记录也称为主机记录，A 记录的基本作用就是说明一个域名对应的 IP 是多少，在配置中也经常叫作正向解析
PTR（PoiTeR）	PTR 记录也被称为指针记录，PTR 记录是 A 记录的逆向记录，作用是把 IP 地址解析为域名。一般也叫作反向解析记录
CNAME（Canonical Name）	将域名指向另外一个域名
AAAA（Address）	将域名指向一个 IPv6 地址

为 bitc 创建区域数据配置文件，内容如下：

```
[root@ lihy]# vim /etc/unbound/local. d/bitc. conf
```

```
local - zone:  "bitc.com. "   static                        //区域名称为"bitc.com. "
local - data:  "bitc.com.  3600  IN  SOA  dns.bitc.com.  root 1 1D 1H 1W1H"
local - data:  "dns.bitc.com.     IN  NS 192.168.0.100"
local - data:  "www.bitc.com.     IN  A 192.168.0.11"
local - data:  "ftp.bitc.com.     IN  CNAME  www.bitc.com. "
local - data - ptr:  "192.168.0.100   dns.bitc.com. "
local - data - ptr:  "192.168.0.11    www.bitc.com. "
```

第二行代码为 SOA（起始授权记录），其中，字母 H 表示小时，字母 D 表示天数，字母 W 表示星期，也可以秒为单位表示，以下面语句为例：

```
local - data:"bitc.com.86400 IN SOA dns.bitc.com.  root.bitc.com.  120000 86400
3600 10000 86400"
```

- TTL：86400，生存时间字段以秒为单位，定义该资源记录中的信息存放在 DNS 缓存中的时间长度。
- IN：此字段用于将当前记录标识为一个互联网的 DNS 资源记录。
- SOA：起始授权记录。
- dns.bitc.com.：该域名解析使用的服务器。
- root.bitc.com.：该域名管理者的电子邮件地址，第一个"."代表电子邮件中的"@"，所以对应的邮件地址为 root@bitc.edu。
- serial 120000：这个序列号的作用是当辅域名服务器来复制这个文件的时候，如果号码增加了，那么就复制。
- refresh 86400：备用 DNS 服务器隔一定时间会查询主 DNS 服务器中的序列号是否增加，即域文件是否有变化。这项内容就代表这个间隔的时间，单位为秒。
- retry 3600（1 hour）：重试 = 3 600 秒。当辅域名服务试图在主服务器上查询更新，而连接失败的时候，辅域名服务器每隔 1 小时访问主域名服务器。
- expire 604800（7 days）：到期 = 604 800 秒。辅域名服务器在向主服务更新失败后，7 天后删除中的记录。
- default TTL 3600：默认生存时间 = 3 600 秒。缓存服务器保存记录的时间是 1 小时，也就是告诉缓存服务器保存域的解析记录为 1 小时。

10.3.3　语法测试、故障排除及重启服务

DNS 服务的配置方法较为复杂，需要写入大量代码，且代码需要严格遵循语句规范，对于初学者来说非常容易出错，因此，在编辑完配置文件后，需要做语法检查。命令如下：

```
[root@lihy ~]# unbound - checkconf
unbound - checkconf:no errors in /etc/unbound/unbound.conf
```

从反馈的信息可以看出，配置文件无误，若出现错误，一般情况下会给出准确的行号，学习者可根据提示信息返回配置文件进行修改。

确认无误后，可以重启 unbound 服务，套用前面的语法格式，命令如下：

```
[root@lihy ~]# systemctl restart unbound
```

与以往的服务有一些不同，此处需要再次查看 unbound 服务状态是否处于激活状态，因为 rhel7.x 版本下，虽然重启服务无误，但是实际并未正常启动，需要使用命令查看 unbound 服务状态，命令如下：

```
[root@lihy ~]# systemctl status unbound
```

如果"Active"后为"active（running）"，则表示服务正常启动，否则会显示"failed"，表示服务未正常启动，需要手动杀死进程。如果此时本地还运行 libvirtd 服务，将导致 unbound 无法启动，因为 libvirtd 会运行 dnsmasq，而 dnsmasq 也会在本地接口上监听 53 端口。解决步骤如下：

- 首先，查看进程号，命令如下：

```
[root@lihy ~]# netstat -ntulp|grep 53
tcp   0   0   192.168.122.1:53   0.0.0.0:*   LISTEN   1704/dnsmasq
udp   0   0   192.168.122.1:53   0.0.0.0:*            1704/dnsmasq
udp   0   0   0.0.0.0:5353       0.0.0.0:*            1049/avahi-daemon:
udp6  0   0   :::5353            :::*                 1049/avahi-daemon:
```

- 得到 53 号端口对应的进程的编号，此处为 1704，需要使用 kill 9 命令强制关闭，命令如下：

```
[root@lihy ~]# kill 9 1704
```

再次重启并查看 unbound 服务状态，这时服务已处于激活状态，命令如下：

```
[root@lihy ~]# systemctl restart unbound
[root@lihy ~]# systemctl status unbound
```

最后确认防火墙放行及 SELinux 已经关闭，前面已做介绍，此处不再赘述。

10.3.4 客户端设置及测试

1. Linux 客户端

确认客户端已经配置好 DNS 服务器，操作见 10.2.3 节，再在客户端中使用 nslookup 命令进行测试，命令如下：

```
[root@lihy ~]# nslookup
>www.bitc.com
Server:   192.168.0.100
Address:192.168.0.100#53

Name:www.bitc.com
Address:192.168.0.11
>ftp.bitc.com
Server:   192.168.0.100
Address:192.168.0.100#53

ftp.bitc.comcanonical name=www.bitc.com.
```

```
>192.168.0.11
11.0.168.192.in-addr.arpaname=www.bitc.com.
>exit
```

2. Windows 客户端

Windows 客户端测试方法与 Linux 中类似，在终端中使用 nslookup 命令即可。需要注意的是，如果使用虚拟机环境，在物理机中需要暂时关闭本地连接再进行测试，否则会使用本地连接指定的 DNS 服务器进行解析，得到意外结果。

【课后练习】

1. DNS 服务器是（　　　）。

A. 目录服务器　　　　B. 域控制器　　　　C. 域名服务器　　　　D. 代理服务器

2. DNS 域名系统主要负责主机名和（　　）之间的解析。

A. IP 地址　　　　B. MAC 地址　　　　C. 网络地址　　　　D. 主机别名

3. 配置 DNS 服务器的作用为（　　　）。

A. 将目标域名自动解析为对应 IP 地址　　　　B. 管理所有使用网络用户的注册信息

C. 自动分配网段中的动态 IP 地址　　　　D. 内部网络与外部相通的网关

4. 在 DNS 配置文件中，DNS 别名记录的标志是（　　　）。

A. A　　　　B. PTR　　　　C. CNAME　　　　D. NS

5. 检验 DNS 服务器配置是否成功，解析是否正确，最好采用（　　）命令。

A. ping　　　　B. netstat　　　　C. ps - aux 1 bind　　　　D. nslookup

6. Linux 中负责本地名称解析的文件是（　　　）。

A. /etc/hosts　　　　B. /etc/host. allow　　　　C. /etc/host. deny　　　　D. /etc/host. key

7. DNS 的根域用（　　）表示。

A. .　　　　B. ,　　　　C. :　　　　D. ;

8. （　　）是顶级域名。

A. edu　　　　B. sohu　　　　C. yahoo　　　　D. sina

9. DNS 使用的端口是（　　　）。

A. 52　　　　B. 53　　　　C. 83　　　　D. 82

10. 在 DNS 中使用（　　）表示所有主机。

A. all　　　　B. any　　　　C. none　　　　D. many

11. 在 DNS 中使用（　　）表示不匹配任何主机。

A. all　　　　B. any　　　　C. none　　　　D. many

12. DNS 资源记录中 A 表示（　　　）。

A. IP 地址　　　　B. 主机名　　　　C. 域名　　　　D. 区域名称

项目十一
DHCP 服务器的配置

知识目标

1. 了解 IP 地址的两种分配方法。
2. 了解自动分配 IP 地址的优点。
3. 熟悉 DHCP 服务的工作过程。
4. 熟悉 DHCP 客户机更新租约的过程。
5. 掌握安装、配置 DHCP 服务器的方法和步骤。
6. 掌握配置 DHCP 客户机的方法和步骤。

技能目标

1. 会安装 DHCP 服务器软件包。
2. 会配置子网的 DHCP 服务器。
3. 会配置 DHCP 客户机并在其上测试 DHCP 服务器的配置。

素养目标

能够按照职业规范完成任务实施。

项目介绍

BITCUX 公司由于业务扩充，人员也随之增加了，现在需要网络管理员为每位员工分配 IP 地址，以免 IP 地址冲突。为了减少管理员工作量，以及降低手动操作带来的故障率，经讨论，需要在公司内网中部署一台 DHCP 服务器，使每台客户机能自动获取 IP 地址。

任务 1   DHCP 服务器的安装与启动

任务目标

11.1.1   DHCP 服务基础概述

动态主机配置协议（Dynamic Host Configure Protocol，DHCP）是一个局域网的网络协议。指的是由服务器控制一段 IP 地址范围，客户机登录服务器时，就可以自动获得服务器分配的 IP 地址和子网掩码。担任 DHCP 服务器的计算机需要安装 TCP/IP 协议，并为其设置静态 IP 地址、子网掩码、默认网关等内容。

1. 什么是 DHCP

DHCP 是简化 IP 配置管理 TCP/IP 标准，用于对客户机动态配置 TCP/IP 信息。第一次启动 DHCP 客户机时，该客户机将在网络中请求 IP 地址，当 DHCP 服务器收到 IP 地址请求后，它将从数据库定义的地址池中选择 IP 地址提供给 DHCP 客户机。要想在一个 TCP/IP 协议的网络中使用 DHCP，该网络中至少要有一台计算机作为 DHCP 服务器，而其他计算机则作为 DHCP 客户机。

2. DHCP 的优点

- 减少管理员的工作量。
- 减少输入错误的概率。
- 避免 IP 地址冲突。
- 当网络更改 IP 地址段时，不需要重新配置每台计算机的 IP 地址。
- 计算机移动不必重新配置 IP 地址。
- 提高了 IP 地址的利用率。

11.1.2   DHCP 的分配方式

- 手工分配地址：由管理员为少数特定客户端（如 WWW 服务器等）静态绑定固定的 IP 地址。通过 DHCP 将配置的固定 IP 地址发给客户端。
- 自动分配地址：DHCP 为客户端分配租期为无限长的 IP 地址。
- 动态分配地址：DHCP 为客户端分配具有一定有效期限的 IP 地址，到达使用期限后，客户端需要重新申请地址。绝大多数客户端得到的都是这种动态分配的地址。

11.1.3   DHCP 工作过程

DHCP 客户端和服务器端申请 IP 地址、获得 IP 地址的过程一般分为 4 个阶段。

1. DHCP 客户机发送 IP 租约请求

该过程也被称为 IP Discover。DHCP 客户机启动计算机后，通过 DUP 端口 67 广播一个 DHCP Discover 信息包，向网络上的任意一个 DHCP 服务器请求提供 IP 租约。

2. DHCP 服务器提供 IP 地址

网络上所有的 DHCP 服务器均会收到此信息包，每台 DHCP 服务器通过 UDP 端口 68 给

DHCP 客户机回应一个 DHCP Offer 广播包，提供一个 IP 地址。

3. DHCP 客户机进行 IP 租用选择

客户机从不止一台 DHCP 服务器接收到租约响应之后，会选择第一个收到的 DHCP Offer 包，并向网络中广播一个 DHCP Request 信息包，表面自己已经接受了一个 DHCP 服务器提供的 IP 地址。该广播包中包含所接受的 IP 地址和服务器的 IP 地址。

4. DHCP 服务器 IP 租用认可

被客户机选择的 DHCP 服务器在收到 DHCP Request 广播后，会广播返回给客户机一个 DHCP Ack 信息包，表明已经接受客户机的选择，并将这一个 IP 地址的合法租用以及其他的配置信息都放入该广播包发给客户机。

客户机在收到 DHCP 包后，会使用该广播包中的信息来配置自己的 TCP/IP，则租用过程完成，客户机可以在网络中通信，如图 11 - 1 所示。

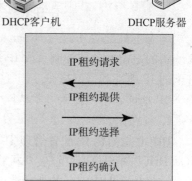

图 11 - 1 DHCP 的工作过程

11.1.4 DHCP 客户机进行 IP 租约更新

取得 IP 租约后，DHCP 客户机必须定期更新租约，否则，当租约到期时，就不能再使用此 IP 地址。按照 RFC 的默认规定，每当租用时间超过 50% 和 87.5% 时，客户机就必须发出 DHCP Request 信息包，不再进行广播。过程如下：

（1）在当前租期已过去 50% 时，DHCP 客户机直接向为其提供 IP 地址的 DHCP 服务器发送 DHCP Request 信息包。如果客户机收到该服务器回应的 DHCP Pack 消息包，客户机就根据包中所提供的新的租期以及其他已经更新的 TCP/IP 参数更新自己的配置，IP 租用更新完成。如果没收到该服务器的回复，则客户机继续使用现有的 IP 地址，因为当前租期还有 50%。

（2）如果在租期过去 50% 时未能成功更新，则客户机将在当前租期过去 87.5% 时再次与提供 IP 地址的 DHCP 联系。如果联系不成功，则重新开始 IP 租用过程。

（3）如果 DHCP 客户机重新启动，它将尝试更新上次关机时拥有的 IP 租用。如果更新未能成功，客户机将尝试联系现有 IP 租用中列出的默认网关。如果联系成功且租用未到期，客户机则认为自己仍然位于它获得现有 IP 租用时相同的子网上，继续使用现有 IP 地址。如果未能与默认网关联系成功，客户机则认为自己已经被移到不同的子网上，则 DHCP 客户机将失去 TCP/IP 网络功能。此后，DHCP 客户机将每隔 5 分钟尝试开始新一轮的 IP 租用过程。

任务 2　DHCP 服务器的配置

11.2.1 DHCP 服务器的安装

1. 安装 DHCP 服务

前面已经讲解过 DNF 源的配置，此处不再赘述，默认可以直接使用。

```
[root@dhcp ~]# rpm -qa|grep DHCP                    //检查发现,系统中未安装 DHCP 主程序
                                                       软件包
[root@dhcp ~]# dnf clean all                        //安装前先清除缓存
[root@dhcp ~]# dnf install dhcp-server -y           //安装 DHCP 服务
[root@dhcp ~]# rpm -qa |grep dhcp                   //再次检查发现,DHCP 主程序软件已
安装
dhcp-server-4.3.6-48.el8.x86_64
……
```

2. 启动与停止 DHCP 服务

```
[root@dhcp ~]# systemctl start dhcpd                //启动 DHCP 服务(修改配置前无法启动)
[root@dhcp ~]# systemctl enable dhcpd              //设置开机自动启动 DHCP 服务
[root@dhcp ~]# systemctl stop dhcpd                //关闭 DHCP 服务
[root@dhcp ~]# systemctl restart dhcpd             //重启 DHCP 服务
```

3. DHCP 服务防火墙放行及安全设置

```
[root@dhcp ~]# firewall-cmd --list-all                        //查看防火墙放行服务列表
……
  services:cockpit dhcpv6-client
……
[root@dhcp ~]# firewall-cmd --permanent --add-service=dhcp    //永久放行 DHCP
[root@dhcp ~]# firewall-cmd --reload                          //重新加载防火墙,使配置生效
[root@dhcp ~]# firewall-cmd --list-all                        //防火墙列表中已经加入 DHCP
……
  services:cockpit dhcp dhcpv6-client
[root@dhcp ~]# setenforce 0
[root@dhcp ~]# getenforce
Permissive
```

11.2.2　DHCP 服务器配置文件的编辑

DHCP 的主配置文件为/etc/dhcp/dhcpd.conf，建议使用 "see/usr/share/doc/dhcp-server/dhcpd.conf.example" 命令打开该文件，建议初学者直接复制该模板文件，命令如下：

```
[root@dhcp ~]# cp /usr/share/doc/dhcp-server/dhcpd.conf.example/etc/dhcp/
dhcpd.conf
cp:是否覆盖'/etc/dhcp/dhcpd.conf'? y
```

1. dhcpd.conf 主配置文件的组成部分

- parameters（参数）
- declarations（声明）
- option（选项）

2. dhcpd.conf 主配置文件的整体框架

与前面所学的服务配置文件类似，该文件中会出现大量的注释语句，主要目的是帮助学习者正确使用配置文件。文件组成结构如图 11-2 所示。

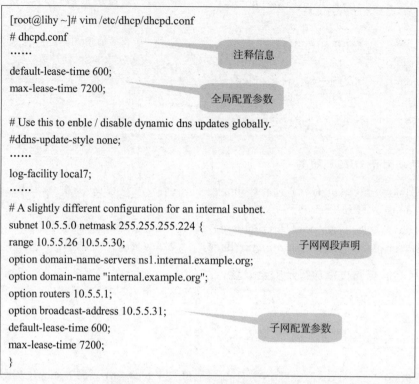

```
[root@lihy ~]# vim /etc/dhcp/dhcpd.conf
# dhcpd.conf
......
default-lease-time 600;
max-lease-time 7200;

# Use this to enble / disable dynamic dns updates globally.
#ddns-update-style none;
......
log-facility local7;
......
# A slightly different configuration for an internal subnet.
subnet 10.5.5.0 netmask 255.255.255.224 {
range 10.5.5.26 10.5.5.30;
option domain-name-servers ns1.internal.example.org;
option domain-name "internal.example.org";
option routers 10.5.5.1;
option broadcast-address 10.5.5.31;
default-lease-time 600;
max-lease-time 7200;
}
```

注释信息

全局配置参数

子网网段声明

子网配置参数

图 11 −2　dhcpd. conf 配置文件结构

　　一个标准的配置文件应该包括全局配置参数、子网网段声明、地址配置选项以及地址配置参数。其中，全局配置参数用于定义 dhcpd 服务程序的整体运行参数；子网网段声明用于配置整个子网段的地址属性。

　　3. 常用参数

　　参数主要用于设置服务器和客户端的动作或者是否执行某项任务，比如设置 IP 地址租约时间、是否检查客户端所用的 IP 地址等，见表 11 −1。

表 11 −1　dhcpd. conf 主配置文件中常用的参数及其作用

参数	作用
ddns − update − style 类型	定义 DNS 服务动态更新的类型，类型包括： none（不支持动态更新）、interim（互动更新模式）与 ad − hoc（特殊更新模式）
allow/ignore client − updates	允许/忽略客户端更新 DNS 记录
default − lease − time 21600	默认超时时间
max − lease − time 43200	最大超时时间
option domain − name − servers 8. 8. 8. 8	定义 DNS 服务器地址
option domain − name "domain. org"	定义 DNS 域名
range	定义用于分配的 IP 地址池

续表

参数	作用
option subnet − mask	定义客户端的子网掩码
option routers	定义客户端的网关地址
broadcast − address 广播地址	定义客户端的广播地址
ntp − server IP 地址	定义客户端的网络时间服务器（NTP）
nis − servers IP 地址	定义客户端的 NIS 域服务器的地址
hardware 硬件类型 MAC 地址	指定网卡接口的类型与 MAC 地址
server − name 主机名	向 DHCP 客户端通知 DHCP 服务器的主机名
fixed − address IP 地址	将某个固定的 IP 地址分配给指定主机
time − offset 偏移差	指定客户端与格林尼治时间的偏移差

11.2.3　客户端设置及测试

1. VMware Workstation 端设置

由于 VMware Workstation 虚拟机软件自带 DHCP 服务，为了避免与自己配置的 dhcpd 服务程序产生冲突，应该先按照图 11 – 3 和图 11 – 4 将虚拟机软件自带的 DHCP 功能关闭。

图 11 – 3　VMware Workstation 虚拟网络编辑器

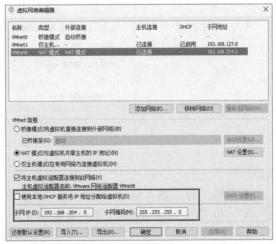

图 11 – 4　取消 "使用本地 DHCP 服务将 IP 地址分配给虚拟机"

2. Linux 端测试

在 Linux 客户端下可以通过系统菜单设置 DHCP 自动获取，方法比较简单，这里不再赘述。此处使用命令的方式进行配置，命令如下：

```
[root@lihy ~]# ifconfig ens160
ens160:flags =4163 < UP,BROADCAST,RUNNING,MULTICAST >  mtu 1500
        inet 192.168.0.22  netmask 255.255.255.0  broadcast 192.168.0.255
......
[root@lihy ~]# nmcli connection modify  ens160 ipv4.method auto
[root@lihy ~]# nmcli connection modify  ens160 - ipv4.addresses 192.168.0.22/24
[root@lihy ~]# nmcli c reload ens160
[root@lihy ~]# nmcli c up ens160
[root@lihy ~]# ifconfig ens160
ens160:flags =4163 < UP,BROADCAST,RUNNING,MULTICAST >  mtu 1500
        inet 192.168.0.200  netmask 255.255.255.0  broadcast 192.168.0.255
......
```

3. Windows 端测试

Windows 作为客户端在获取 IP 地址时，需要在"网络连接"中找到对应的连接，并在其"常规"选项卡下选择"自动获得 IP 地址"，如图 11 - 5 所示。

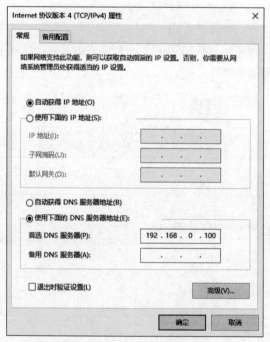

图 11 - 5   Internet 协议版本 4 属性

在终端下可以输入命令"ipconfig"查看获取到的新的 IP 地址，并结合命令"ipconfig/release"和"ipconfig/renew"来释放及重新获取 IP 地址。

任务 3　DHCP 服务器的实例

任务目标

BITCUX 网络公司现在需要搭建一台 DHCP 服务器，要为 200 台主机提供服务，服务器地址为 192.168.0.1，子网掩码为 255.255.255.0，DNS 地址为 192.168.0.100，其中，192.168.0.102 为保留地址，供公司现有服务器使用，DHCP 服务器默认租约为 12 小时，最大租约为 1 天，默认网关为 192.168.0.254。搭建成功后，要实现客户端自动获取 IP 地址。

在企业中，为了方便业务的管理，需要给经理配置一个方便记忆、易于识别的 IP 地址（192.68.0.88），因此可以通过使用 DHCP 绑定固定 IP，固定 IP 将不会被 DHCP 随机分配。

需求分析：首先进行网络规划，公司现有网段为 192.168.0.0/24，要为 200 台主机提供服务，现将公司需求规划如下：

DHCP 服务器地址：192.168.0.1/24

DNS 服务器地址：192.168.0.100/24

网关服务器地址：192.168.0.254/24

默认租约：43 200 秒

最大租约：86 400 秒

IP 地址初步规划为 192.168.0.20 ~ 192.168.0.220，但要排除 192.168.0.100 和 192.168.0.102 两个 IP 地址，以用于 DNS 服务器和特殊用途，因此地址池范围如下：

192.168.0.20 ~ 192.168.0.99

192.168.0.101 ~ 192.168.0.101

192.168.0.103 ~ 192.168.0.220

任务实施：配置与管理 DHCP 服务器

一、DHCP 服务器的配置与管理

1. 复制模板文件

```
[root@dhcp ~]# cp /usr/share/doc/dhcp-server/dhcpd.conf.example /etc/dhcp/dh-
cpd.conf
cp:是否覆盖'/etc/dhcp/dhcpd.conf'? y
```

2. 编辑配置文件/etc/dhcp/dhcpd.conf

配置文件的内容较多，只需确保以下内容被编辑修改，其余内容保持原状即可，具体操作如下：

```
[root@dhcp ~]# vim /etc/dhcp/dhcpd.conf
ddns-update-style none;
log-facility local7;
subnet 192.168.0.0 netmask 255.255.255.0{
```

```
    range 192.168.0.20 192.168.0.99;
    range 192.168.0.101 192.168.0.101;
    range 192.168.0.103 192.168.0.220;
    option domain - name - servers 192.168.0.1;
    option domain - name "bitc.com";
    option routers 192.168.0.254;
    option broadcast - address 192.168.0.255;
    default - lease - time 43200;
    max - lease - time 86400;
}
```

修改完成后存盘退出，并重启服务，命令如下：

```
[root@dhcp ~]# systemctl restart dhcpd
```

二、IP 绑定主机

1. 查看指定主机的 MAC 地址

在 Windows 端，可以通过 "ipconfig/all" 命令查看网卡 MAC 地址，如图 11 -6 所示。

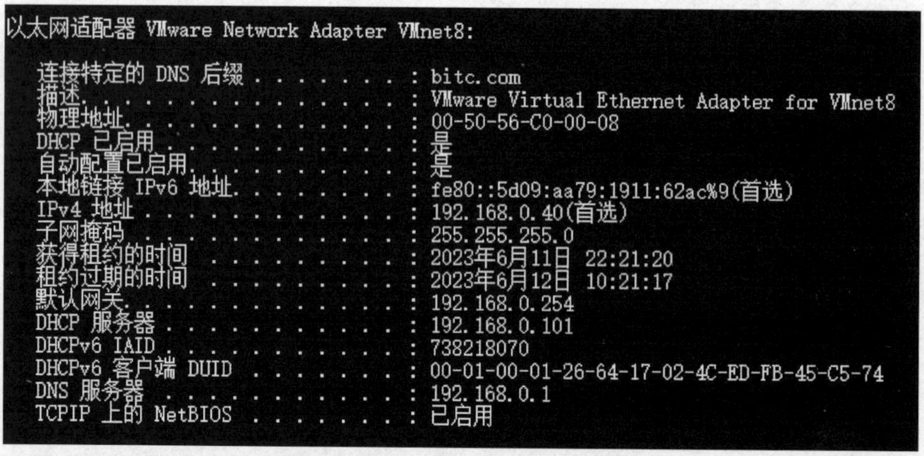

图 11 -6　VMnet8 的 MAC 地址

2. 修改 DHCP 主配置文件

在主配置文件/etc/dhcp/dhcpd. conf 中添加以下语句：

```
[root@dhcp ~]# vim /etc/dhcp/dhcpd. conf
......
host manager {
  hardware ethernet 00:50:56:c0:00:08;
  fixed - address 192.168.0.88;
}
......
```

修改完配置文件后，重启 DHCP 服务：

```
[root@dhcp ~]# systemctl restart dhcpd
```

三、客户端测试

1. Linux 客户端测试

查看原有 IP 地址，并删除该地址：

```
[root@lihy ~]# ifconfig ens160
ens160:flags =4163 <UP,BROADCAST,RUNNING,MULTICAST >  mtu 1500
        inet 192.168.0.10  netmask 255.255.255.0  broadcast 192.168.0.255
        ……
[root @ lihy ~] # nmcli  connection  modify  ens160  ipv4.method auto -
ipv4.addresses 192.168.0.110/24
[root@lihy ~]# nmcli connection reload ens160
[root@lihy ~]# nmcli connection up ens160
……
[root@lihy ~]# ifconfig ens160
ens160:flags =4163 <UP,BROADCAST,RUNNING,MULTICAST >  mtu 1500
        inet 192.168.0.111  netmask 255.255.255.0  broadcast 192.168.0.255
        inet6 fe80::20c:29ff:fe0d:177b  prefixlen 64  scopeid 0x20 <link >
        ether 00:0c:29:0d:17:7b  txqueuelen 1000(Ethernet)
        RX packets 414  bytes 31015(30.2 KiB)
        RX errors 0  dropped 0  overruns 0  frame 0
        TX packets 869  bytes 96267(94.0 KiB)
        TX errors 0  dropped 0 overruns 0  carrier 0  collisions 0
```

2. Windows 客户端测试

首先，确定在 Windows 客户端已经设置"自动获得 IP 地址"，如图 11 - 5 所示。

然后，在"命令提示符"下通过以下命令完成 IP 地址的更新：

```
C:\> ipconfig /release          //释放租约
C:\> ipconfig /renew            //更新租约
C:\> ipconfig
```

此时再次查看 VMnet8 时，可以看到其 IP 地址已经更新为所绑定的地址，如图 11 - 7 所示。

```
以太网适配器 VMware Network Adapter VMnet8:

    连接特定的 DNS 后缀 . . . . . . . . : bitc.com
    本地链接 IPv6 地址. . . . . . . . . : fe80::5d09:aa79:1911:62ac%9
    IPv4 地址 . . . . . . . . . . . . : 192.168.0.88
    子网掩码 . . . . . . . . . . . . : 255.255.255.0
    默认网关. . . . . . . . . . . . . : 192.168.0.254
```

图 11 -7　VMnet8 获取到绑定地址

【课后练习】

1. DHCP 服务器能提供给客户机（　　）配置。

A. IP 地址　　　　B. 子网掩码　　　　C. 默认网关　　　　D. DNS 服务器

2. RHEL/CentOS 8.x 下，DHCP 服务器配置完成后，（　　）命令可以启动 DHCP 服务。

A. systemctl dhcp start　　　　　　B. service dhcpd start

C. systemctl start dhcpd　　　　　　D. service start dhcp

3. 管理一个网络系统，自动地为一个网络中的主机分配（　　）地址。

A. 网络　　　　B. MAC　　　　C. TCP　　　　D. IP

4. 用于定义 DHCP 服务地址池的参数是（　　）。

A. host　　　　B. range　　　　C. ignore　　　　D. subnet

5. DHCP 服务器默认启动脚本（　　）。

A. dhcpd　　　　B. dhcp　　　　C. dhclient　　　　D. network